CHRISTIANE MÁZUR DOI

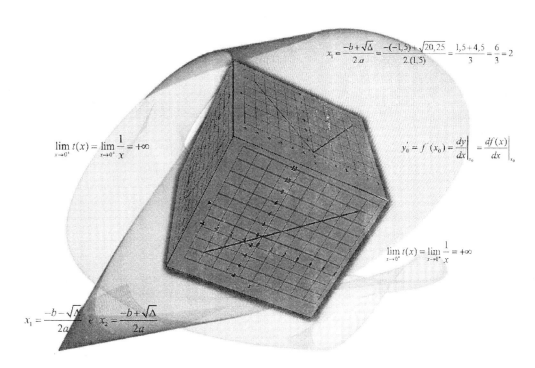

CÁLCULO
BEM EXPLICADO

Cálculo Bem Explicado

Copyright© Editora Ciência Moderna Ltda., 2022

Todos os direitos para a língua portuguesa reservados pela EDITORA CIÊNCIA MODERNA LTDA.
De acordo com a Lei 9.610, de 19/2/1998, nenhuma parte deste livro poderá ser reproduzida, transmitida e gravada, por qualquer meio eletrônico, mecânico, por fotocópia e outros, sem a prévia autorização, por escrito, da Editora.

Editor: Paulo André P. Marques
Produção Editorial: Dilene Sandes Pessanha
Capa: Daniel Jara
Diagramação: Daniel Jara
Copidesque: Equipe Ciência Moderna

Várias **Marcas Registradas** aparecem no decorrer deste livro. Mais do que simplesmente listar esses nomes e informar quem possui seus direitos de exploração, ou ainda imprimir os logotipos das mesmas, o editor declara estar utilizando tais nomes apenas para fins editoriais, em benefício exclusivo do dono da Marca Registrada, sem intenção de infringir as regras de sua utilização. Qualquer semelhança em nomes próprios e acontecimentos será mera coincidência.

FICHA CATALOGRAFICA

DOI, Christiane Mázur.

Cálculo Bem Explicado

Rio de Janeiro: Editora Ciência Moderna Ltda., 2022.

1. Matemática 2. Cálculo
I — Título

ISBN: 978-65-5842-132-0   CDD 510
                                                                                        515

Editora Ciência Moderna Ltda.
R. Alice Figueiredo, 46 – Riachuelo
Rio de Janeiro, RJ – Brasil   CEP: 20.950-150
Tel: (21) 2201-6662/ Fax: (21) 2201-6896
E-MAIL: LCM@LCM.COM.BR
WWW.LCM.COM.BR   01/22

Dedico este livro a Deus e às memórias do meu amado pai, Luiz Mazur, e do meu amado marido, Kaoru Doi.

INTRODUÇÃO

Olá!

Os tópicos de Cálculo Diferencial e Integral são fundamentais para vários ramos do conhecimento, em especial para as Ciências Exatas, Biológicas e Sociais.

A fim de que sejam dominadas as ferramentas básicas desta disciplina, neste livro, pretendemos que você:
- crie familiaridade com os conceitos do cálculo diferencial e integral,
- desenvolva a capacidade de usar as funções para modelar fenômenos,
- entenda o que significam limites de funções,
- aprenda a utilizar as derivadas para analisar crescimentos e decrescimentos de funções,
- resolva problemas de otimização e calcule taxas instantâneas de variações,
- veja o que são integrais e saiba resolvê-las e aplicá-las.

Este livro é diferente de outros livros de Cálculo porque explica os conceitos em detalhes e é escrito em linguagem simples e direta, como se houvesse uma verdadeira conversa entre nós. Adicionalmente, são inseridos vários gráficos, figuras e esquemas, que auxiliam no entendimento dos tópicos desenvolvidos, facilitam seu aprendizado e tornam agradável o conhecimento dessa tão importante área.

Há, ainda, muitos exemplos de aplicação, resolvidos no "passo a passo", o que implica a fixação dos assuntos abordados. As chamadas indicadas como "preste atenção" configuram-se oportunidades para que você solucione eventuais dúvidas ou amplie seus conhecimentos. Além disso, ao final de cada capítulo, há um resumo, para que você possa fazer uma retomada do que você aprendeu, e exercícios propostos com suas respectivas respostas, para que você possa "treinar" o que foi ensinado.

Enfim, aqui, queremos explicitar o complexo para que você possa, de fato, compreender o que lê.

Boa leitura!

SUMÁRIO

CAPÍTULO 1. FUNÇÕES E SEUS GRÁFICOS 1
- 1.1. NOÇÕES GERAIS SOBRE FUNÇÕES 1
- 1.2. FUNÇÃO CONSTANTE 6
- 1.3. FUNÇÃO DO 1º GRAU 7
- 1.4. FUNÇÃO DO 2º GRAU 20
- 1.5. FUNÇÃO MODULAR 27
- 1.6. FUNÇÕES TRIGONOMÉTRICAS 29
- 1.7. FUNÇÃO EXPONENCIAL 36
- 1.8. FUNÇÃO LOGARÍTMICA 40
- 1.9. OUTRAS FUNÇÕES 42
- 1.10. RESUMO 47
- 1.11. EXERCÍCIOS PROPOSTOS 48
- 1.12. RESPOSTAS DOS EXERCÍCIOS PROPOSTOS 50

CAPÍTULO 2. LIMITES 55
- 2.1. NOÇÃO INTUITIVA DE LIMITE 55
- 2.2. LIMITES LATERAIS 59
- 2.3. OPERAÇÕES COM LIMITES 61
- 2.4. LIMITES NO INFINITO 63
- 2.5. SÍMBOLOS DE INDETERMINAÇÕES 65
- 2.6. LIMITES FUNDAMENTAIS 66
- 2.7. CÁLCULOS DE LIMITES DE FUNÇÕES 67
- 2.8. RESUMO 75
- 2.9. EXERCÍCIOS PROPOSTOS 76
- 2.10. RESPOSTAS DOS EXERCÍCIOS PROPOSTOS 78

CAPÍTULO 3. DERIVADAS 81
- 3.1. CONCEITO E INTERPRETAÇÃO GEOMÉTRICA DE DERIVADAS (RETA TANGENTE) ... 81
- 3.2. CÁLCULOS DE DERIVADAS PELA DEFINIÇÃO 85
- 3.3. REGRAS DE DERIVAÇÃO 88
- 3.4. OPERAÇÕES COM DERIVADAS 90
- 3.5. TAXAS DE VARIAÇÃO 95
- 3.6. DERIVADAS DE ORDENS SUPERIORES 101
- 3.7. RESUMO 102
- 3.8. EXERCÍCIOS PROPOSTOS 104
- 3.9. RESPOSTAS DOS EXERCÍCIOS PROPOSTOS 105

CAPÍTULO 4. DERIVADAS DE FUNÇÕES COMPOSTAS 107
    4.1. NOÇÕES GERAIS SOBRE FUNÇÃO COMPOSTA 107
    4.2. REGRA DA CADEIA 107
    4.3. RESUMO 112
    4.4. EXERCÍCIOS PROPOSTOS 113
    4.5. RESPOSTAS DOS EXERCÍCIOS PROPOSTOS 113

CAPÍTULO 5. CÁLCULO DO LIMITE DE QUOCIENTES QUE APRESENTAM INDETERMINAÇÕES PELAS REGRAS DE L'HOPITAL 115
    5.1. PRIMEIRA REGRA DE L'HOPITAL 115
    5.2. SEGUNDA REGRA DE L'HOPITAL 116
    5.3. RESUMO 118
    5.4. EXERCÍCIOS PROPOSTOS 119
    5.5. RESPOSTAS DOS EXERCÍCIOS PROPOSTOS 119

CAPÍTULO 6. ANÁLISE DO COMPORTAMENTO DE FUNÇÕES 121
    6.1. CRESCIMENTO E DECRESCIMENTO DE FUNÇÕES 121
    6.2. PONTOS CRÍTICOS DE FUNÇÕES (PONTO DE MÁXIMO, PONTO DE MÍNIMO E PONTO DE INFLEXÃO) 123
    6.3. CONCAVIDADE DE FUNÇÕES 127
    6.4. ESBOÇO DE GRÁFICOS DE FUNÇÕES NÃO ELEMENTARES 129
    6.5. RESUMO 139
    6.6. EXERCÍCIOS PROPOSTOS 141
    6.7. RESPOSTAS DOS EXERCÍCIOS PROPOSTOS 141

CAPÍTULO 7. INTEGRAIS 145
    7.1. CONCEITO DE INTEGRAL 145
    7.2. PROPRIEDADES DAS INTEGRAIS 148
    7.3. INTEGRAIS IMEDIATAS 152
    7.4. MÉTODO DE INTEGRAÇÃO POR SUBSTITUIÇÃO 155
    7.5. MÉTODO DE INTEGRAÇÃO POR PARTES 159
    7.6. INTEGRAIS DEFINIDAS 166
    7.7. APLICAÇÕES DAS INTEGRAIS – CÁLCULO DE ÁREAS 169
    7.8. RESUMO 176
    7.9. EXERCÍCIOS PROPOSTOS 178
    7.10. RESPOSTAS DOS EXERCÍCIOS PROPOSTOS 182

CAPÍTULO 1. FUNÇÕES E SEUS GRÁFICOS

1.1. NOÇÕES GERAIS SOBRE FUNÇÕES

Uma função é uma lei que relaciona números segundo determinada "regra". Para compreendermos essa ideia, vamos observar a tabela a seguir.

Tabela 1.1. Colunas A e B.

1	8
2	16
3	24
4	32
5	40
6	48
7	56
8	64

Na tabela, vamos adotar a coluna A como referência e chamar um valor qualquer nela presente de x. Assim, x pode assumir os valores 1 (x=1), 2 (x=2), 3 (x=3), 4 (x=4), 5 (x=5), 6 (x=6), 7 (x=7) ou 8 (x=8). Veja que, neste caso, x não tem qualquer vínculo com a letra do alfabeto usada para "formar" palavras.

Se vincularmos, em cada linha da tabela, os valores de x da coluna A com os valores de y da coluna B, observamos que alguma regra de associação entre esses valores? O que você acha?

Parece que sim! Essa associação pode ser escrita assim: o valor em dada linha da coluna B é o valor da mesma linha da coluna A multiplicado por 8. Por exemplo, se x "receber" o número 6, y será 48, que é o resultado de 6 vezes 8.

Na figura a seguir, temos uma representação gráfica da relação estudada, em que mostramos os 8 pares de valores da tabela 1.1.

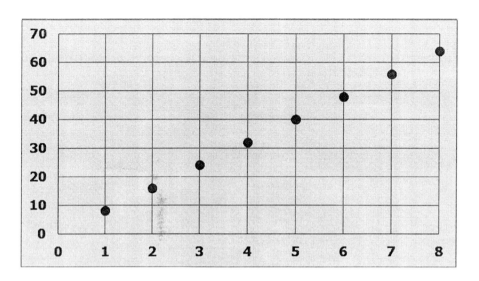

Figura 1.1. Relação entre os valores da coluna A (x) e da coluna B (y) da tabela 1.

Veja que, na representação da figura 1.1, utilizamos:
- um eixo horizontal, chamado de eixo das abscissas, em que localizamos os valores x;
- um eixo vertical, chamado de eixo das ordenadas, em que localizamos os valores de y).

Os resultados da associação de valores de x e y são visualizados como pontos representados por circunferências na figura 1.1.

De maneira mais sintética, podemos escrever o que dissemos como uma "fórmula", dada por y=8.x, sendo que x pertence ao conjunto A={1, 2, 3, 4, 5, 6, 7, 8} e y pertence ao conjunto B={8, 16, 24, 32, 40, 48, 56, 64}. Veja que, aqui, temos uma quantidade limitada de valores em A (número inteiros de 1 a 8) que "chegam" até B.

Agora, imagine que, em y=8.x, tivéssemos o que segue.

A variável independente x pode ser qualquer número real, ou seja, $x \; \varepsilon \; R$. Logo, podemos escolher, para x, números positivos ou negativos, números inteiros ou fracionários, o número 0, números racionais ou números irracionais...

A variável dependente y, que, no caso em estudo, é oito vezes o valor atribuído a x pode ser qualquer número real, ou seja, $y \in \mathbb{R}$.

Para essa situação, y=8.x, também indicada por y=8x ou f(x)=8x, tem como representação gráfica uma reta "contínua", conforme apresentado na figura a seguir.

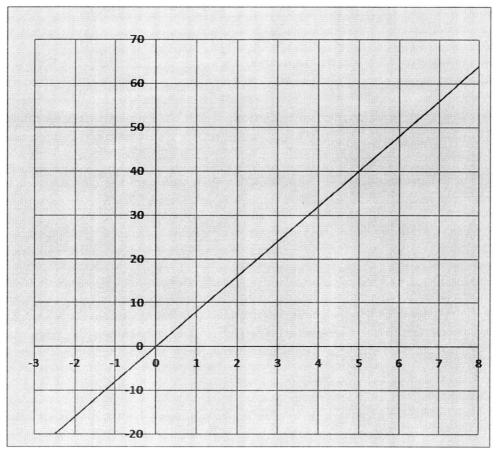

Figura 1.2. Gráfico da função y=8.x (ou y=8x).

Preste atenção!

Na indicação f(x)=8x, f(x) não é um produto (não é a multiplicação de f por x) e é lido como "efe de xis". Nesse caso, f é o nome da função, mas poderíamos ter escolhido g, por exemplo, como o nome da função, e ficaríamos com g(x)=8x. A "letra" entre parênteses, o x, representa a variável. Essa variável também poderia ser representada por outras "letras", como t, e ficaríamos com f(t)=8t ou g(t)–8t.

Voltemos à "fórmula" y=8x, na qual x e y são símbolos que representam números reais.

Vimos que:
- a indicação x (variável independente) é a entrada de valores;
- a indicação y (variável dependente) é a saída de valores;
- a indicação y=8x é a função (regra) que relaciona x e y.

A figura 1.3 mostra, de modo esquemático, o que acabamos de dizer.

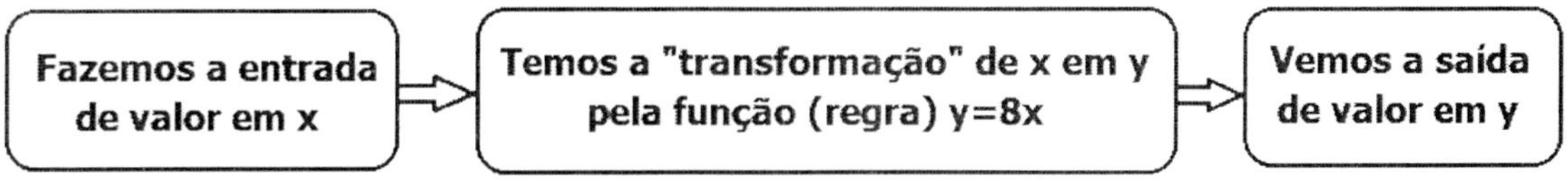

```
┌─────────────────┐    ┌──────────────────────────┐    ┌─────────────────┐
│ Fazemos a entrada│ ⇒ │ Temos a "transformação" │ ⇒ │ Vemos a saída   │
│ de valor em x    │    │ de x em y pela função    │    │ de valor em y   │
│                  │    │ (regra) y=8x             │    │                 │
└─────────────────┘    └──────────────────────────┘    └─────────────────┘
```

Figura 1.3. Representação esquemática da "transformação" de x em y pela função y=8x.

Observamos que, em y=8x, temos um comportamento linear de y em relação a x (a representação gráfica de y em função de x resulta em uma reta). No entanto, nem sempre isso acontece, pois as variáveis podem relacionar-se de muitas maneiras, o que gera diferentes tipos funções, como a função constante, a função do segundo grau, as funções polinomiais e a função exponencial, que serão estudadas nos itens a seguir.

Veja que estamos tratando de funções de uma variável, em que temos apenas um tipo de "variável de entrada".

Preste atenção!

Em $f(x) = x^3 - 5x^2 + 7x - 3$, temos uma função de uma única variável (a variável x). Em $f(x, y) = x^3 - 5y^2 + 7xy - 3$, temos uma função de duas variáveis (as variáveis x e y).

Vamos fazer, a seguir, uma definição formal de função.

Primeiramente, considere que A e B sejam dois conjuntos não vazios. Uma função cujo domínio D(f) é o conjunto A e cujo contradomínio é o conjunto B é uma regra f que associa a cada elemento de A um único elemento de B. Se x é um elemento de A e se f(x) (ou y) é um elemento de B, temos a seguinte representação:

$$f: \quad A \to B$$
$$x \to f(x)$$

A imagem da função f, Im(f), é o conjunto de todos os valores y ∈ B para os quais existe algum x ∈ A que satisfaça a f(x) = y.

Vejamos alguns exemplos de determinação de domínio e de imagem de funções.

Exemplo 1.1. Função $y = 5x^2$.

No caso, x pode assumir qualquer número real. Logo: $D(f) = \mathbb{R}$.

Como y é o quíntuplo de um número real qualquer elevado ao quadrado, y só pode ser sempre um número não negativo, ou seja, maior do que zero ou igual a zero. Logo, o conjunto imagem é: $\text{Im}(f) = \{y \in \mathbb{R} / y \geq 0\}$.

Preste atenção!
Destacamos que $\{y \in \mathbb{R} / y \geq 0\}$ é lido como "ípsilon pertence aos números reais, tal que ípsilon é igual a zero ou ípsilon é maior do que zero".

Exemplo 1.2. Função $f(x) = \sqrt{x}$.
No caso, x pode assumir apenas números reais não negativos, visto que não podemos "tirar" a raiz quadrada de números negativos. Logo: $D(f) = \{x \in \mathbb{R} / x \geq 0\}$.
Como f(x) é a raiz quadrada de um número não negativo, f(x) é um número não negativo. Logo: $\text{Im}(f) = \{f(x) \in \mathbb{R} / f(x) \geq 0\}$.

Exemplo 1.3. Função $f(x) = \sqrt{2x-7}$.
Devemos fazer $2x - 7 \geq 0$ ou $2x \geq 7$ ou $x \geq 3,5$. Logo: $D(f) = \{x \in \mathbb{R} / x \geq 3,5\}$.
Como f(x) é a raiz quadrada de um número não negativo, f(x) é um número não negativo. Logo: $\text{Im}(f) = \{f(x) \in \mathbb{R} / f(x) \geq 0\}$.

Exemplo 1.4. Função $z = \dfrac{t-1}{3}$.
No caso, t pode assumir qualquer número real. Logo: $D(f) = \mathbb{R}$.
Como z é um terço de um número real subtraído de 1, z pode ser qualquer número real. Logo, o conjunto imagem é: $\text{Im}(f) = \mathbb{R}$.

Exemplo 1.5. Função $z = \dfrac{1}{t-3}$.
Nesse caso, o denominador da fração não pode ser 0. Logo, t não pode assumir o valor 3, visto que 3-3=0. Logo: $D(z) = \{t \in \mathbb{R} / t \neq 3\}$.
Como t pode assumir qualquer valor diferente de 3, z é qualquer número real diferente de zero. Logo: $\text{Im}(z) = \mathbb{R} - 0$.

Agora, vamos estudar, de modo particular, algumas funções de uma variável.

1.2. FUNÇÃO CONSTANTE

A função constante é dada por f(x)=k (ou y=k), em que k é um número real. Seu gráfico é uma reta de "altura" k paralela ao eixo horizontal (eixo x). Seu domínio é o conjunto de todos os números reais ($D(f)=\mathbb{R}$) e sua imagem é o conjunto unitário formado pelo elemento k ($\text{Im}(f)=\{y=k\}$).

Como exemplo, na figura a seguir, temos o gráfico da função constante f(x)=7.

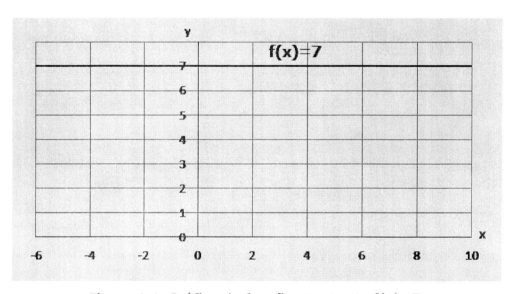

Figura 1.4. Gráfico da função constante f(x)=7.

Vemos que o gráfico de f(x)=7 é uma reta paralela ao eixo x e de altura igual a 7. Ou seja, nesse caso, qualquer que seja o valor atribuído à variável independente x, a imagem é y=7.

Para fixarmos o que foi dito, temos, na figura a seguir, o gráfico da função constante g(x)=-3.

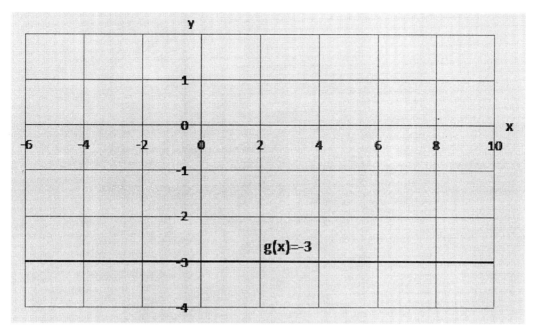

Figura 1.5. Gráfico da função constante g(x)=-3.

Veja que, como -3 é um número menor do que zero, o gráfico de g(x)=-3 é uma reta paralela ao eixo horizontal e que fica "abaixo" desse eixo.

1.3. FUNÇÃO DO 1º GRAU

A função do 1º grau, cujo gráfico é uma reta inclinada em relação ao eixo das abscissas (eixo horizontal), é dada por y=a.x+b (ou f(x)=a.x+b), sendo que a deve ser diferente de zero (senão, teríamos a função constante) e b pode ser um número real qualquer. Assim, nesse tipo de função:
- x é a variável independente (entrada de valores);
- y é a variável dependente (saída de valores);
- a é o coeficiente angular da reta (número real diferente de zero);
- b é o coeficiente linear (número real qualquer).

O domínio da função do 1º grau é o conjunto de todos os números reais ($D(f) = \mathbb{R}$) e sua imagem é o conjunto de todos os números reais ($\text{Im}(f) = \mathbb{R}$).

Por exemplo, y=5.x+3, f(x)=-312.x+21 e y=2,3.x-1 representam funções do 1º grau com coeficientes angulares iguais, respectivamente, a 5, -312 e 2,3, e com coeficientes lineares iguais, respectivamente, a 3, 21 e -1.

O coeficiente angular a da função do 1º grau, dada por y=a.x+b, está relacionado com a inclinação da reta que representa o gráfico dessa função da maneira indicada a seguir.

Se a>0, temos uma reta inclinada para o lado direito (reta crescente).

Se a<0, temos uma reta inclinada para o lado esquerdo (reta decrescente).

A inclinação permite que entendamos o comportamento da função y=ax+b. Com a>0, os valores de y aumentam conforme os valores de x aumentam (reta crescente, como dissemos). Com a<0, os valores y diminuem conforme os valores de x aumentam (reta decrescente, como dissemos).

O coeficiente linear b da função do 1º grau, dada por y=a.x+b, é a posição em que a reta "cruza" (intercepta) o eixo vertical (eixo y), pois, se fizermos x=0, ficaremos com y=a.0+b=b. Veja a figura 6.

Preste atenção!

A reta x=0 é chamada de eixo das ordenadas e corresponde ao eixo y. Note que, nessa reta, para qualquer valor de y, x é sempre igual a zero.

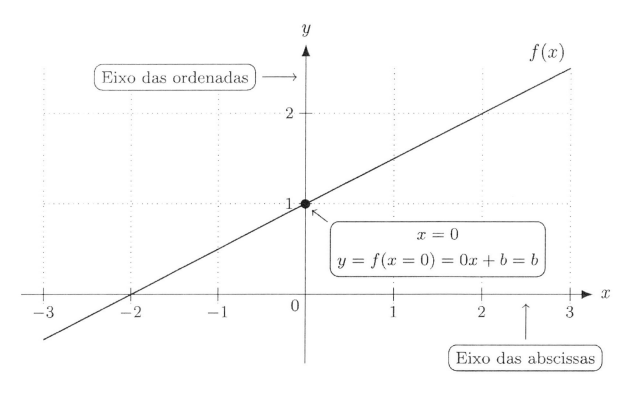

Figura 1.6. Eixos e reta inclinada para a direita.

Para fixarmos o que dissemos, vejamos os exemplos a seguir.

O coeficiente angular de y=12.x-25, ou y=12.x+(-25), é 12 e o seu coeficiente linear é -25. Trata-se de uma reta inclinada para a direita (pois seu coeficiente angular é um número real positivo) e que cruza o eixo vertical em y=-25.

O coeficiente angular de y=-15.x+5 é -15 e o seu coeficiente linear é 5. Trata-se de uma reta inclinada para a esquerda (pois seu coeficiente angular é um número real negativo) e que cruza o eixo vertical em y=5.

O coeficiente angular de $y = -\frac{5}{7}x + \frac{8}{9}$ é $-\frac{5}{7}$ e o seu coeficiente linear é $\frac{8}{9}$. Trata-se de uma reta inclinada para a esquerda (pois seu coeficiente angular é um número real negativo) e que cruza o eixo vertical em $y = \frac{8}{9}$.

O coeficiente angular de y=7,8.x, ou y=7,8.x+0, é 7,8 e o seu coeficiente linear é 0. Trata-se de uma reta inclinada para a direita (pois seu coeficiente angular é um número real positivo) e que cruza o eixo vertical em y=0 (ou seja, passa pela origem dos eixos coordenados xOy).

Veja a figura 1.7.

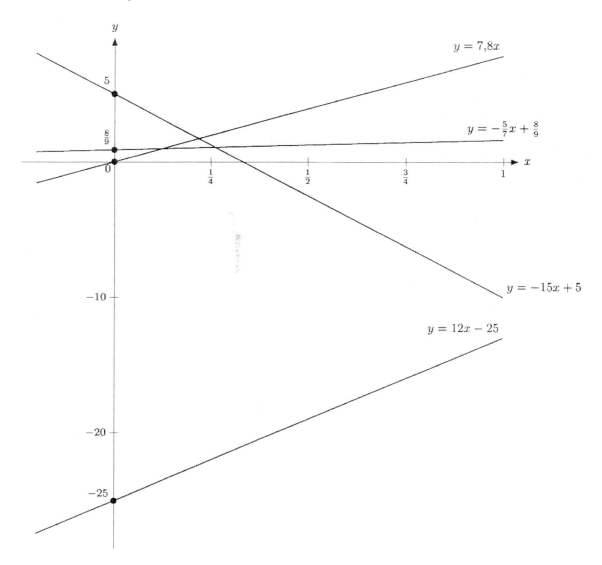

Figura 1.7. Exemplos de retas com suas equações.

Para traçarmos o gráfico de uma função do 1º gráfico, basta conhecermos dois pontos quaisquer da reta, como feito nos exemplos a seguir.

Exemplo 1.6. Esboce o gráfico de f(x)=6.x-5.

Resolução.

Vamos chamar de $P_1 = (x_1, y_1)$ e $P_2 = (x_2, y_2)$ dois pontos quaisquer de f(x)=6.x-5. Por exemplo, podemos escolher $x_1 = -1$ e $x_2 = 3$. Assim, temos o que segue.

$y_1 = f(x_1) = f(-1) = 6.(-1) - 5 = -11$

$y_2 = f(x_2) = f(3) = 6.(3) - 5 = 13$

Logo, conhecemos os pontos $P_1 = (x_1, y_1) = (-1, -11)$ e $P_2 = (x_2, y_2) = (3, 13)$ de f(x)=6.x-5, cujo gráfico é uma reta que contém tais pontos, conforme mostrado a seguir.

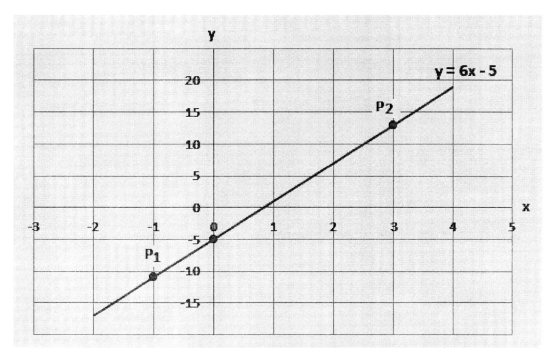

Figura 1.8. Gráfico da função do 1º grau f(x)=6x-5.

Exemplo 1.7. Esboce o gráfico de f(x)=-7.x+3.

Resolução.

Vamos chamar de $P_1 = (x_1, y_1)$ e $P_2 = (x_2, y_2)$ dois pontos quaisquer da função x)=-7.x+3.

Por exemplo, podemos escolher $x_1 = -2$ e $x_2 = 3$. Assim, temos o que segue.

$y_1 = f(x_1) = f(-2) = 7.(-2) + 3 = 17$

$y_2 = f(x_2) = f(3) = -7.(3) + 3 = -18$

Logo, conhecemos os pontos $P_1 = (x_1, y_1) = (-2, 17)$ e $P_2 = (x_2, y_2) = (3, -18)$ de)=-7.x+3, cujo gráfico é uma reta que contém tais pontos, conforme mostrado a guir.

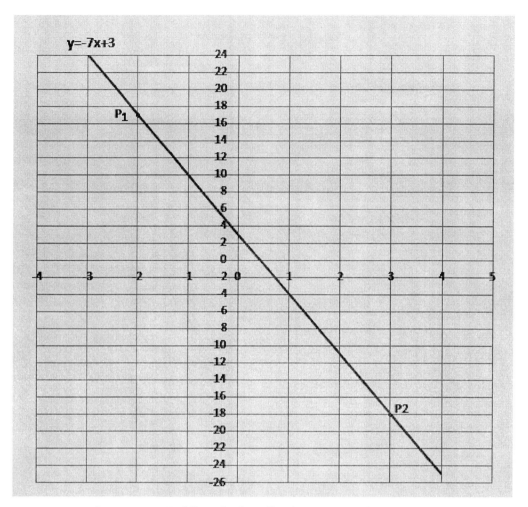

Figura 1.9. Gráfico da função do 1º grau f(x)=6x-5.
Autoria própria.

Exemplo 1.8. Escreva a equação da reta que contém os pontos $P_1 = (-5, -115)$ e $P_2 = (5, 117)$.

Resolução.

Queremos saber a equação da reta que passa por pontos $P_1 = (x_1, y_1) = (-5, -115)$ e $P_2 = (x_2, y_2) = (5, 117)$. Nesse caso, temos:

$x_1 = -5$

$y_1 = -115$

$x_2 = 5$

$y_2 = 117$

Logo, o coeficiente angular a da reta em estudo é 23,2, pois:

$$a = \frac{y_2 - y_1}{x_2 - x_1} = \frac{117 - (-115)}{5 - (-5)} = \frac{117 + 115}{10} = \frac{232}{10} = 23,2$$

Para calcularmos o coeficiente linear b da reta, podemos substituir as coordenadas de P_1, por exemplo, e o valor do coeficiente angular a na equação geral da reta. Logo, fazendo y=-115 e x=-5 em y=a.x+b e sabendo que a=23,2, obtemos b = 1. Veja.

$$y = a.x + b \Rightarrow -115 = 23,2.(-5) + b \Rightarrow -115 + 116 = b \Rightarrow b = 1$$

Concluímos que a equação da reta em estudo é: y=23,2.x +1.

Agora, vamos ver como podemos calcular o coeficiente angular a de uma função do 1º grau e determinar sua equação se conhecermos o seu gráfico, que é uma reta.

Na figura a seguir, podemos visualizar dois pontos quaisquer $P_1 = (x_1, y_1)$ e $P_2 = (x_2, y_2)$ de uma reta, sendo que:

- x_1 é a abscissa do ponto P_1;
- y_1 é a ordenada do ponto P_1;
- x_2 é a abscissa do ponto P_2;
- y_2 é a ordenada do ponto P_2.

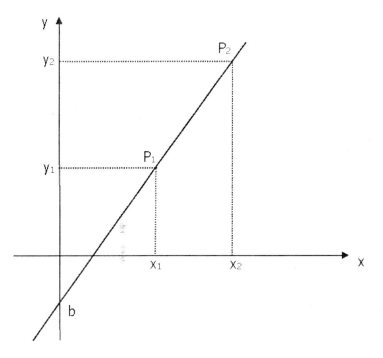

Figura 1.10. Pontos $P_1 = (x_1, y_1)$ e $P_2 = (x_2, y_2)$ **de uma reta de equação y=a.x+b.**

Fonte. Autoria própria.

O coeficiente angular a da reta da figura é calculado por:

$$a = \frac{y_2 - y_1}{x_2 - x_1}$$

Preste atenção!

Veja a breve "demonstração" a seguir.

$y_2 = ax_2 + b$

$y_1 = ax_1 + b$

Subtraindo as equações, ficamos com:

$y_2 - y_1 = (ax_2 + b) - (ax_1 + b)$

$y_2 - y_1 = ax_2 + b - ax_1 - b$

$y_2 - y_1 = a(x_2 - x_1)$

$a = \frac{y_2 - y_1}{x_2 - x_1}$

O valor do coeficiente angular independe da escolha dos pontos P_1 e P_2, pois tal valor está relacionado com a inclinação da reta, que é única. Logo, podemos escolher quaisquer dois pontos pertencentes à reta para calcularmos o seu coeficiente angular.

Preste atenção!

O coeficiente angular de uma função do 1º grau **não** é um ponto da reta: esse coeficiente está relacionado com a inclinação da reta que representa a função.

Vejamos os exemplos a seguir.

Exemplo 1.9. Determine a equação da reta mostrada no gráfico da figura 1.11.

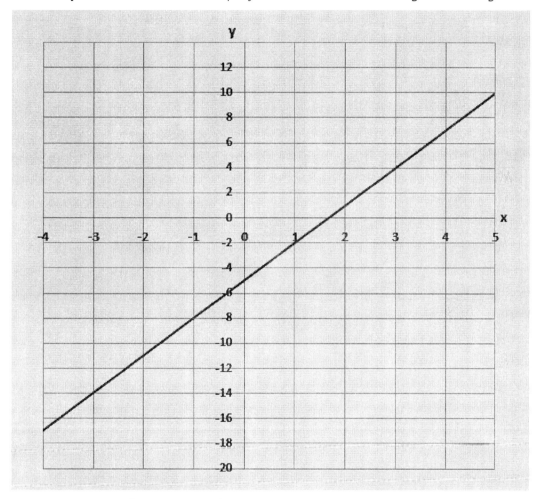

Figura 1.11. Gráfico de função do 1º grau (reta inclinada para a direita).

Resolução.

Escolhemos quaisquer dois pontos P_1 e P_2 da reta da figura 1.11 para calcularmos seu coeficiente angular. Como mostrado na figura 1.12, podemos selecionar, por exemplo, $P_1 = (-2, -11)$ e $P_2 = (4, 7)$.

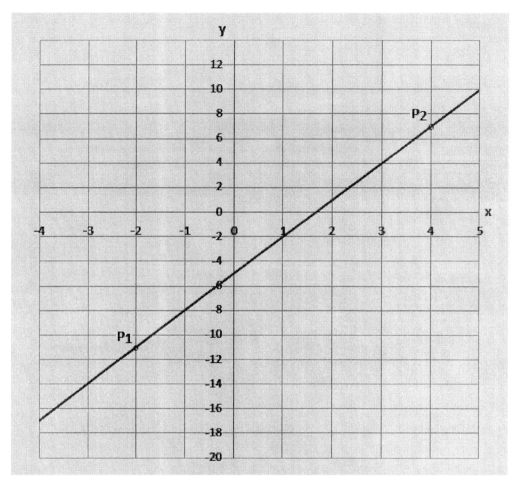

Figura 1.12. Gráfico de função do 1º grau (reta inclinada para a direita), com indicações dos pontos P_1 e P_2.

Nesse caso, temos:

$x_1 = -2$

$y_1 = -11$

$x_2 = 4$

$y_2 = 7$

Logo, o coeficiente angular a da reta em estudo é igual a 3, pois:

$$a = \frac{y_2 - y_1}{x_2 - x_1} = \frac{7-(-11)}{4-(-2)} = \frac{7+11}{4+2} = \frac{18}{6} = 3$$

Substituímos qualquer ponto da reta em y=a.x+b para determinarmos o coeficiente linear b. Podemos escolher P_1, P_2 ou outro ponto qualquer. Vamos escolher $P_2 = (4,7)$. Logo, ficamos com:

$$y = a.x + b \Rightarrow 7 = 3.4 + b \Rightarrow 7 = 12 + b \Rightarrow 7 - 12 = b \Rightarrow b = -5$$

Concluímos que a equação da reta da figura é y=3.x-5.

Preste atenção!

O que significa o fato de a reta de equação y=3.x-5 ter coeficiente angular 3?

Significa que a proporção de variação de y em relação a x é 3. Assim, para esse caso, podemos dizer que:

- se aumentamos 0,5 unidade no valor de x, aumentamos 1,5 unidades no valor de y;
- se aumentamos 1 unidade no valor de x, aumentamos 3 unidades no valor de y;
- se aumentamos 2 unidades no valor de x, aumentamos 6 unidades no valor de y;
- se diminuímos 10 unidades no valor de x, diminuímos 30 unidades no valor de y.

Exemplo 1.10. Determine a equação da reta mostrada no gráfico da figura 1.13.

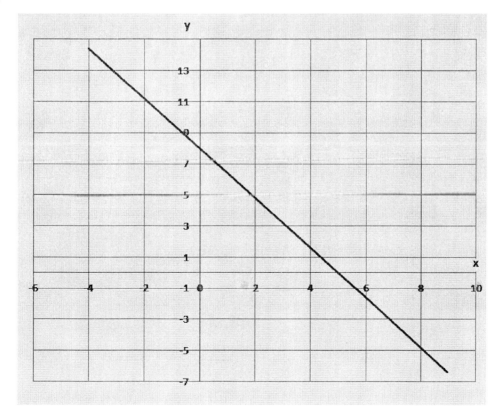

Figura 1.13. Gráfico de função do 1º grau (reta inclinada para a esquerda).

Resolução.

Escolhemos quaisquer dois pontos P_1 e P_2 da reta da figura 1.13 para calcularmos seu coeficiente angular. Como mostrado na figura 1.14, podemos selecionar, por exemplo, $P_1 = (0,8)$ e $P_2 = (5,0)$.

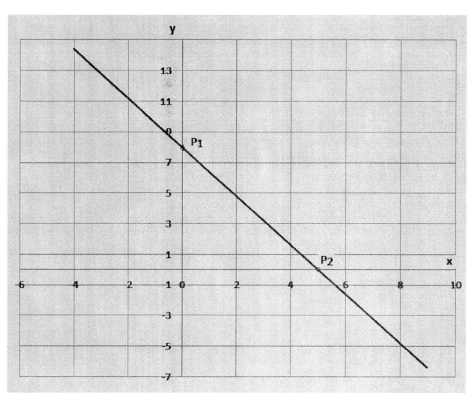

Figura 1.14. Gráfico de função do 1º grau (reta inclinada para a esquerda), com indicações dos pontos P_1 e P_2.

Fonte. Autoria própria.

Nesse caso, temos:

$x_1 = 0$

$y_1 = 8$

$x_2 = 5$

$y_2 = 0$

Logo, o coeficiente angular a da reta em estudo é igual a -1,6, pois:

$$a = \frac{y_2 - y_1}{x_2 - x_1} = \frac{0-8}{5-0} = \frac{-8}{5} = -1,6$$

Podemos ler diretamente no gráfico o ponto em que a reta "corta" o eixo vertical: trata-se de y=8. Logo, o coeficiente linear b da reta vale 8.

Concluímos que a equação da reta da figura é y=-1,6.x+8.

Preste atenção!

O que significa o fato de a reta de equação y=-1,6.x+8 ter coeficiente angular -1,6? Significa que a proporção de variação de y em relação a x é -1,6. Assim, para esse caso, podemos dizer que:

- se aumentamos 10 unidades no valor de x, diminuímos 16 unidades no valor de y;
- se aumentamos 1 unidade no valor de x, diminuímos 1,6 unidades no valor de y;
- se diminuímos 50 unidades no valor de x, aumentamos 80 unidades no valor de y.

Na figura a seguir, podemos ver os comportamentos de retas com mesmo coeficiente angular (mesma inclinação), mas com diferentes coeficientes lineares.

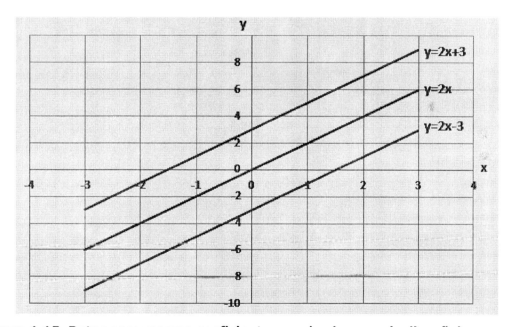

Figura 1.15. Retas com mesmo coeficiente angular (mesma inclinação), mas com diferentes coeficientes lineares.

Observe, na figura, que as retas são paralelas umas às outras, pois têm a mesma inclinação. Contudo, elas cruzam o eixo y (eixo das ordenadas) em locais diferentes, cada um representando o diferente valor do coeficiente linear b da reta associada.

1.4. FUNÇÃO DO 2º GRAU

A função do 2º grau é dada por $y = ax^2 + bx + c$ (ou $f(x) = ax^2 + bx + c$), em que os coeficientes a, b e c são números reais. Nesse caso, a deve ser diferente de zero, senão teríamos uma função do primeiro grau.

Por exemplo, $y = 6x^2 + 7x - 5$ representa uma função do 2º grau com coeficientes a, b e c iguais, respectivamente, a 6, 7 e -5. Já $f(x) = -5x^2 + 8$ (ou $f(x) = -5x^2 + 0x + 8$) representa uma função do 2º grau com coeficientes a, b e c iguais, respectivamente, a -5, 0 e 8.

O gráfico de uma função do 2º grau é uma parábola, que pode ter concavidade voltada para baixo ou para cima, como mostrado nos exemplos da figura a seguir.

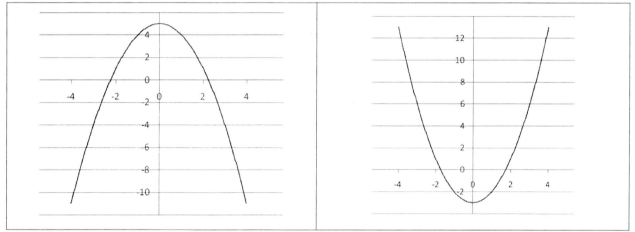

Figura 1.16. Parábola com concavidade voltada para baixo (à esquerda) e parábola com concavidade voltada para cima (à direita).

Em $y = ax^2 + bx + c$:

- se a for um número menor do que zero (a<0), a parábola terá concavidade voltada para baixo;
- se a for um número maior do que zero (a>0), a parábola terá concavidade voltada para cima.

A constante c em $y = ax^2 + bx + c$ é a posição em que a parábola cruza o eixo vertical (eixo y), pois, se x=0, temos $y = a(0)^2 + b(0) + c = c$.

Preste atenção!

Raízes são os pontos nos quais uma função qualquer se anula, ou seja, pontos nos quais f(x)=y=0. Esses são os pontos em que o gráfico de uma função "corta" o eixo das abscissas (eixo x), já que, neles, y deve ser igual a zero e, portanto, a função se anula. Por exemplo, a função de primeiro grau y=(x)=ax+b se anula quando y=0, assim:

$$0 = ax_{raiz} + b$$

$$-b = ax_{raiz}$$

$$x_{raiz} = -\frac{b}{a}$$

É importante notar que o ponto $P_{raiz} = (x_{raiz}, 0) = (-b/a, 0)$ é o ponto da reta que "corta" o eixo das abscissas, enquanto o ponto $P_{ord} = (0, b)$ é o ponto que "corta" o eixo das ordenadas. Trata-se de pontos distintos!

Na matemática, nem todas as funções têm raízes cujos valores são números reais: uma função que "nunca cruza" o eixo x, não tem raízes reais. É comum, nesses casos, dizer que essas funções não têm raízes (ainda que o mais correto seria dizer que elas não têm raízes com valores reais, já que podem ter raízes cujos valores são os chamados números complexos).

As raízes de $y = ax^2 + bx + c$, se existirem, serão obtidas quando resolvermos a equação $ax^2 + bx + c = 0$. Nesse caso, temos o que segue.

Se a parábola não corta o eixo horizontal x, ela não tem raízes reais.

Se a parábola corta o eixo horizontal x em apenas uma posição, ela tem apenas uma raiz real.

Se a parábola corta o eixo horizontal x duas posições, que é o número máximo de vezes, ela tem duas raízes reais.

Chamamos as raízes da função do 2º grau de x_1 e x_2. Para calcularmos esses valores, se existirem, precisamos determinar o valor do discriminante "delta", dado por:

$$\Delta = b^2 - 4.a.c$$

Se o valor de Δ for um número negativo (Δ<0), a parábola não tem raízes reais e não corta o eixo x, como mostrado nos exemplos da figura a seguir.

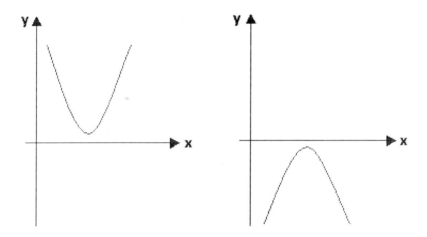

Figura 1.17. Parábolas que não têm raízes reais (Δ<0) e não cortam o eixo x.

Se o valor de Δ for um número positivo (Δ>0), as raízes reais x_1 e x_2 da função do segundo grau são diferentes e calculadas por:

$$x_1 = \frac{-b + \sqrt{\Delta}}{2 \cdot a}$$

$$x_2 = \frac{-b - \sqrt{\Delta}}{2 \cdot a}$$

Se o valor de Δ for igual a zero (Δ=0), as raízes x_1 e x_2 da parábola são iguais ($x_1 = x_2$) e iguais a $\frac{-b}{2 \cdot a}$. Ou seja, nesse caso, temos $x_1 = x_2 = \frac{-b}{2 \cdot a}$.

Preste atenção!

Lembramos que uma função do 2º grau pode ter duas raízes distintas, uma única raiz (ou seja, duas raízes idênticas) ou nenhuma raiz, o que é definido pelo sinal do discriminante $\Delta = b^2 - 4.a.c$. Nesse sentido, temos o que segue.
- Se Δ>0, há duas raízes reais e distintas.
- Se Δ=0, há uma única raiz real.
- Se Δ<0, não há raízes reais.

Toda parábola tem um ponto extremo: trata-se do vértice, indicado por $V = (x_v, y_v)$.

O vértice V é:
- o ponto de máximo M de uma parábola de concavidade para baixo;
- o ponto de mínimo m de uma parábola de concavidade para cima.

A abscissa do vértice (x_v) e a ordenada (y_v) do vértice V de uma parábola são calculadas por:

$$x_v = \frac{-b}{2a} \quad y_v = \frac{-\Delta}{4a}$$

Na figura a seguir, podemos visualizar o vértice V de uma parábola com concavidade para cima, que corresponde ao ponto de mínimo do gráfico.

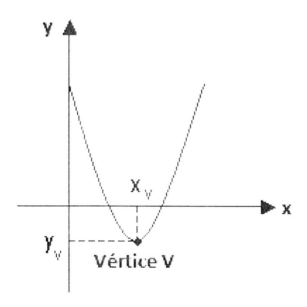

Figura 1.18. Indicação do vértice V de uma parábola com concavidade para cima.

Na figura a seguir, vemos o gráfico de $y = -x^2 + 5$. Trata-se de uma parábola com concavidade para baixo e cujo vértice corresponde ao ponto de máximo do gráfico, que ocorre em $x_v = 0$ e $y_v = 5$.

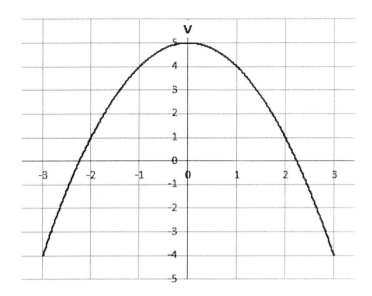

Figura 1.19. Indicação do vértice V=(0,5) de $y = -x^2 + 5$.

Em $y = f(x) = ax^2 + bx + c$, podemos substituir a variável x por qualquer número real. Logo, o domínio da função do 2º grau é o conjunto de todos os números reais ($D(f) = \mathbb{R}$). Já sua imagem não é o conjunto de todos os números reais, pois ela é condicionada pela ordenada do vértice e pela concavidade da parábola.

Para fixarmos o que vimos, vamos estudar o exemplo a seguir.

Exemplo 1.11. Comente as características da função $f(x) = 1,5x^2 - 1,5x - 3$ e esboce o seu gráfico.

Resolução.

A função $f(x) = 1,5x^2 - 1,5x - 3$ é uma função do 2º grau, pois é um caso de $f(x) = a^2 + bx + c$ com a=1,5, b=-1,5 e c=-3.

Como a é um número maior do que zero (a=1,5), o gráfico de $f(x) = 1,5x^2 - 1,5x - 3$ é uma parábola com concavidade voltada para cima. Essa parábola intercepta o eixo vertical (eixo y) na posição -3, pois esse é o valor da constante c (c=-3), que corresponde ao ponto (0,-3).

Para calcularmos as raízes x_1 e x_2 de $f(x) = 1,5x^2 - 1,5x - 3$, determinamos o valor do discriminante "delta":

$$\Delta = b^2 - 4.a.c = (-1,5)^2 - 4.(1,5).(-3) = 2,25 + 18 = 20,25$$

As raízes x_1 e x_2 da parábola são:

$$x_1 = \frac{-b+\sqrt{\Delta}}{2.a} = \frac{-(-1,5)+\sqrt{20,25}}{2.(1,5)} = \frac{1,5+4,5}{3} = \frac{6}{3} = 2$$

$$x_2 = \frac{-b-\sqrt{\Delta}}{2.a} = \frac{-(-1,5)-\sqrt{20,25}}{2.(1,5)} = \frac{1,5-4,5}{3} = \frac{-3}{3} = -1$$

Logo, os pontos $(x_2, 0) = (-1, 0)$ e $(x_1, 0) = (2, 0)$ são as raízes, mostradas posteriormente no gráfico da função em estudo.

As coordenadas x_V e y_V do vértice V de $f(x) = 1,5x^2 - 1,5x - 3$ são:

$$x_v = \frac{-b}{2.a} = \frac{-(-1,5)}{2.(1,5)} = \frac{1,5}{3} = 0,5$$

$$y_v = \frac{-\Delta}{4.a} = \frac{-20,25}{4.1,5} = \frac{-20,25}{6} = -3,375$$

Concluímos que o vértice de $f(x) = 1,5x^2 - 1,5x - 3$ é V=(0,5;-3,375).

O gráfico de $f(x) = 1,5x^2 - 1,5x - 3$ está apresentado na figura a seguir.

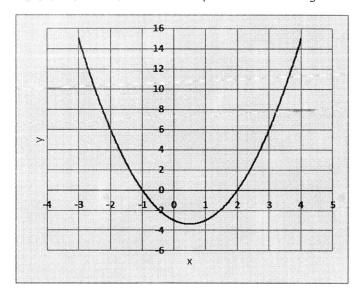

Figura 1.20. Gráfico de $f(x) = 1,5x^2 - 1,5x - 3$.

Na figura 1.21, também temos o gráfico de $f(x) = 1,5x^2 - 1,5x - 3$, mas com a adição de alguns destaques.

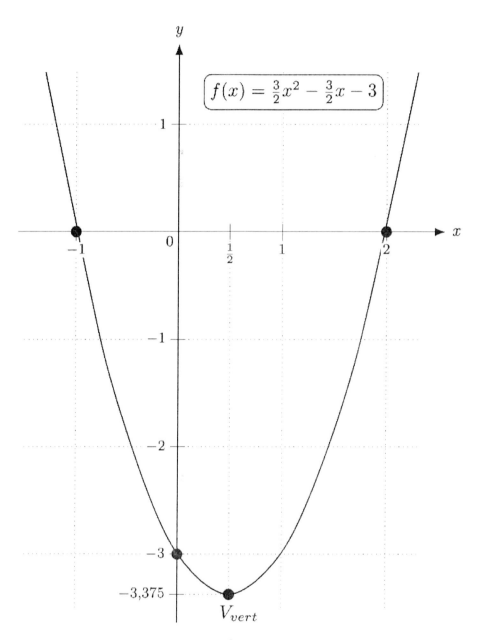

Figura 1.21. Gráfico de $f(x) = 1,5x^2 - 1,5x - 3$ **com a adição de destaques.**

O domínio da função $f(x) = 1,5x^2 - 1,5x - 3$ é o conjunto de todos os números reais, pois podemos substituir a variável x por qualquer número real ($D(f) = \mathbb{R}$). Sua imagem corresponde aos números reais maiores ou iguais a -3,375, que é a ordenada do vértice da parábola em estudo ($\text{Im}(f) = \{y \in \mathbb{R} / y \geq -3,375\}$).

1.5. FUNÇÃO MODULAR

Se x for um número real e se $|x|$ for o seu módulo, temos o que segue.

Se x≥0, então $|x| = x$.

Se x<0, então $|x| = -x$.

Vejamos os exemplos a seguir.

$|43| = 43$, pois, como 43≥0, então $|43| = 43$.

$|0| = 0$, pois, como 0≥0, então $|0| = 0$.

$|-5| = 5$, pois, como -5<0, então $|-5| = -(-5) = 5$

Preste atenção!
O que vimos, muitas vezes é dito como:
- o módulo de 0 é 0;
- o módulo de um número positivo é "ele mesmo";
- o módulo de um número negativo é "o oposto dele".

Com base no exposto, podemos ver que a função módulo de x (ou função modular), indicada por $f(x) = |x|$, é dada por:
- f(x)=x, se x≥0;
- f(x)=-x, se x<0.

O domínio da função modular $f(x) = |x|$ é todos os números reais, pois podemos substituir a variável x por qualquer número real ($D(f) = \mathbb{R}$). Sua imagem corresponde aos números reais maiores do que zero, além do zero ($\text{Im}(f) = \{f(x) \in \mathbb{R} / f(x) \geq 0\}$).

Vejamos, a seguir, o esboço do gráfico de $f(x) = |x|$.

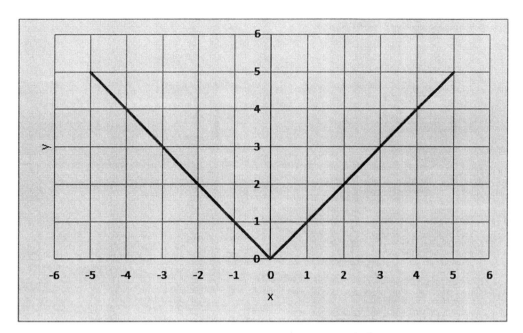

Figura 1.22. Gráfico de $f(x) = |x|$.

Com base no gráfico de $f(x) = |x|$, podemos construir, por exemplo, o gráfico de $g(x) = |x - 2|$, que é o gráfico de $f(x) = |x|$ transladado 2 unidades para a direita, conforme mostrado na figura a seguir.

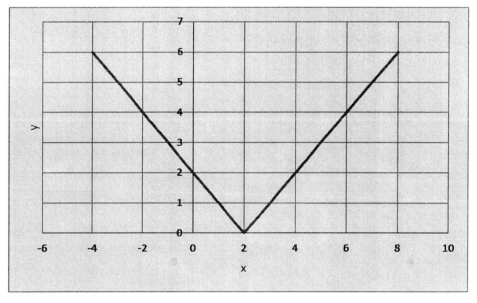

Figura 1.23. Gráfico de $g(x) = |x - 2|$.

Ainda com base no gráfico de $f(x)=|x|$, podemos construir, por exemplo, o gráfico de $h(x)=|x|+2$, que é o gráfico de $f(x)=|x|$ transladado 2 unidades para cima, conforme mostrado na figura a seguir.

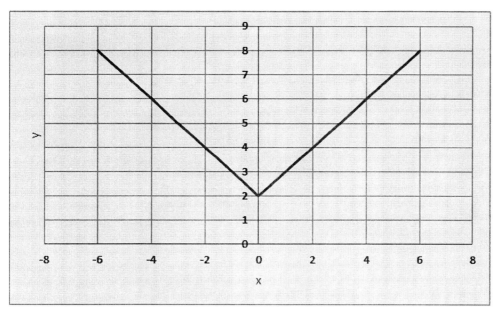

Figura 1.24. Gráfico de $h(x)=|x|+2$.

1.6. FUNÇÕES TRIGONOMÉTRICAS

Antes de falarmos sobre as funções trigonométricas, precisamos falar sobre seno, cosseno e tangente. Para isso, vamos usar como exemplo o triângulo retângulo da figura a seguir, com vértices indicados pelas letras A, B e C, catetos medindo 3cm e 4cm e hipotenusa medindo 5cm.

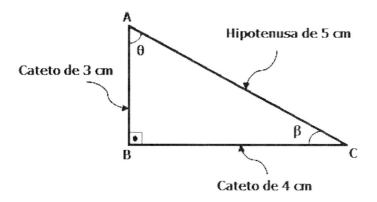

Figura 1.25. Triângulo retângulo de catetos de 3 cm e 4 cm e hipotenusa de 5 cm.

De modo geral, para o triângulo da figura anterior, temos o que se expõe a seguir.

- Seno de θ (senθ): medida do cateto oposto ao ângulo θ dividida pela medida da hipotenusa.
- Cosseno de θ (cosθ): medida do cateto adjacente ao ângulo θ dividida pela medida da hipotenusa.
- Tangente de θ (tgθ): medida do cateto oposto ao ângulo θ dividida pela medida do cateto adjacente ao ângulo θ.
- Seno de β (senβ): medida do cateto oposto ao ângulo β dividida pela medida da hipotenusa.
- Cosseno de β (cosβ): medida do cateto adjacente ao ângulo β dividida pela medida da hipotenusa.
- Tangente de β (tgβ): medida do oposto ao ângulo β dividida pela medida do cateto adjacente ao ângulo β.

Usando os valores apresentados na figura, de modo específico para o triângulo em estudo, obtemos os valores a seguir.

$$sen\theta = \frac{\text{medida do cateto oposto a } \theta}{\text{medida da hipotenusa}} = \frac{4}{5} \Rightarrow sen\theta = 0,8$$

$$\cos\theta = \frac{\text{medida do cateto adjacente a } \theta}{\text{medida da hipotenusa}} = \frac{3}{5} \Rightarrow \cos\theta = 0,6$$

$$tg\theta = \frac{\text{medida do cateto oposto a } \theta}{\text{medida do cateto adjacente a } \theta} = \frac{4}{3} \Rightarrow tg\theta = 1,33$$

$$sen\beta = \frac{\text{medida do cateto oposto a } \beta}{\text{medida da hipotenusa}} = \frac{3}{5} \Rightarrow sen\beta = 0,6$$

$$\cos\beta = \frac{\text{medida do cateto adjacente a } \beta}{\text{medida da hipotenusa}} = \frac{4}{5} \Rightarrow \cos\beta = 0,8$$

$$tg\beta = \frac{\text{medida do cateto oposto a } \beta}{\text{medida do cateto adjacente a } \beta} = \frac{3}{4} \Rightarrow tg\beta = 0,75$$

Vemos que o cateto oposto e o cateto adjacente a dado ângulo do triângulo retângulo medem menos do que a hipotenusa. Assim, concluímos que o seno e o cosseno de um ângulo são números menores do que 1, pois são obtidos de frações em que o numerador (medida do cateto) é menor do que o denominador (medida da hipotenusa).

A tangente de dado ângulo pode ser um número menor do que 1, igual a 1 ou maior do que 1, pois é obtida de frações em que o numerador (medida do cateto oposto ao ângulo) é menor, igual ou maior do que o denominador (medida do cateto adjacente ao ângulo).

Ainda, antes de falarmos das funções trigonométricas, vamos falar sobre ângulos e sobre a circunferência trigonométrica.

Muitas vezes, mencionamos os ângulos dados "em graus", como exemplificado na figura a seguir.

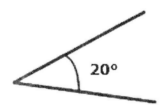

Figura 1.26. Exemplo de abertura angular em graus.

Para fazermos a conversão de graus para radianos, utilizamos a seguinte equivalência:

$$\pi \text{ radianos} = 100 \text{ graus (ou } 180°)$$

Na igualdade, π é o número irracional "pi", que vale aproximadamente 3,14.

Na tabela a seguir, temos equivalências do ângulo x em graus e em radianos.

Tabela 1.2. Algumas equivalências em graus e em radianos.

x (graus)	x (radianos)
0	0
90°	π/2
180°	π
270°	3π/2
360°	2π

Na figura a seguir, mostramos a chamada circunferência trigonométrica, de raio 1 e origem O. Nela, também indicamos o ângulo x. Quando percorremos essa circunferência no sentido anti-horário, temos valores positivos de ângulos. Quando percorremos essa circunferência no sentido horário, temos valores negativos de ângulos.

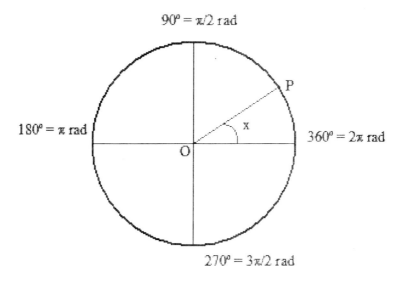

Figura 1.27. Ângulo de medida x na circunferência trigonométrica.

Como o raio da circunferência da figura anterior vale 1, o segmento OP mede 1.

Na figura a seguir, podemos visualizar:

- a projeção OP_1 do segmento OP no eixo horizontal, que é o cosseno de x (cosx);
- a projeção OP_2 do segmento OP no eixo vertical, que é o seno de x.

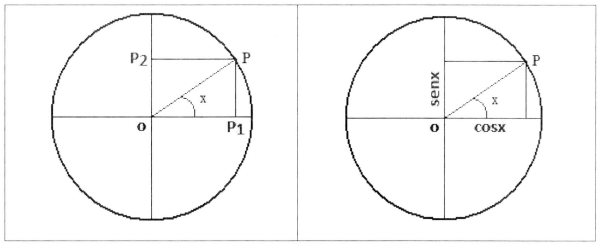

Figura 1.28. Projeções de OP nos eixos horizontal e vertical: cosseno de x (OP$_1$) e seno de x (OP$_2$).

Com base no exposto, podemos observar o que segue.

- Lemos os valores de cosseno no eixo horizontal, na região interna à circunferência de raio unitário. Logo, esses valores variam de -1 a 1, ou seja, $-1 \leq \cos x \leq 1$.
- Lemos os valores de seno no eixo vertical, na região interna à circunferência de raio unitário. Logo, esses valores variam de -1 a 1, ou seja, $-1 \leq \operatorname{sen} x \leq 1$.

Na tabela a seguir, temos valores de cosseno e de seno de alguns ângulos.

Tabela 1.3. Valores de cosseno e de seno de alguns ângulos.

x (graus)	x (radianos)	cosx	senx
0	0	1	0
90°	$\pi/2$	0	1
180°	π	-1	0
270°	$3\pi/2$	0	-1
360°	2π	1	0

Como estamos vendo ângulos em uma circunferência (a circunferência trigonométrica), após darmos a primeira "volta completa", começamos a passar pelos mesmos pontos. Logo, temos o que segue.

$\cos 0 = \cos 2\pi = \cos 4\pi = \cos 6\pi = \ldots = 1$

$\cos \pi/2 = \cos 5\pi/2 = \cos 9\pi/2 = \cos 13\pi/2 = \ldots = 0$

$\cos \pi = \cos 3\pi = \cos 5\pi = \cos 7\pi = \ldots = -1$

cos3π/2 = cos7π/2 = cos11π/2 = cos15π/2 = ... = 0
sen0 = sen2π = sen4π = sen6π = ... = 0
senπ/2 = sen5π/2 = sen9π/2 = sen13π/2 = ... = 1
senπ = sen3π = sen5π = sen7π = ... = 0
sen3π/2 = sen7π/2 = sen11π/2 = sen15π/2 = ... = -1

Notamos que as funções y=cosx e y=senx são periódicas, cujos valores se repetem em intervalos fixos de 2π. Logo, o período dessas função é igual a 2π, como pode ser observado nos gráficos das figuras a seguir.

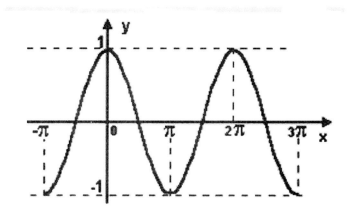

Figura 1.29. Gráfico da função $y = \cos x$.

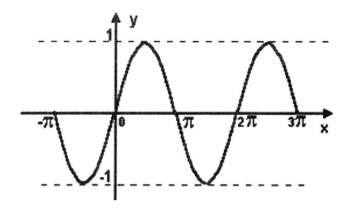

Figura 1.30. Gráfico da função $y = senx$.

O domínio das funções seno e cosseno é o conjunto dos números reais. Essas funções têm valor mínimo de –1 e valor máximo valor de 1 e sua imagem está no intervalo [-1,1].

Preste atenção!

O gráfico de y=3cosx, por exemplo, assemelha-se ao gráfico de y=cosx, mas tem valor mínimo de −3 e valor máximo valor de 3, com imagem no intervalo [-3,3].

A tangente do ângulo x indicado na circunferência trigonométrica da figura a seguir é a medida MQ, ou seja, tgx=MQ.

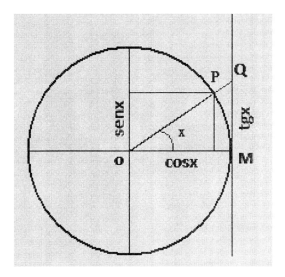

Figura 1.31. Tangente do ângulo x (tgx).

Veja que os valores da tangente de x podem variar continuamente de $-\infty$ até $+\infty$. Na figura a seguir, temos o gráfico da função y=tgx.

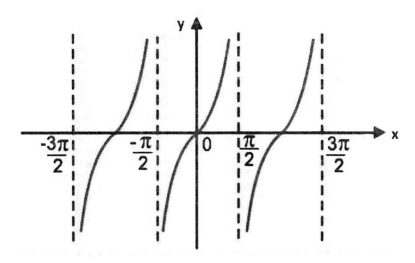

Figura 1.32. Gráfico da função y=tgx.

Disponível em <https://www.cuemath.com/learn/mathematics/trigonometry-tangent-function/>. Acesso em 13 mai. 2021.

Veja que o domínio de y=tgx não é o conjunto de todos os números reais, visto que essa função não é definida para determinados valores de x, pertencentes ao conjunto $\left\{...,-\frac{3\pi}{2},-\frac{\pi}{2},0,\frac{\pi}{2},\frac{3\pi}{2},\frac{5\pi}{2},...\right\}$. Sua imagem é o conjunto de todos os números reais.

1.7. FUNÇÃO EXPONENCIAL

A equação geral de uma função exponencial é $y=a^x$, em que a é um número maior do que zero e diferente de 1, chamado de base da função. O domínio dessa função é o conjunto de todos os números reais.

Para entendermos como a função $y=a^x$ funciona, vamos estudar duas situações: a situação 1, em que a é um número maior do que 1 (exemplificada por $y=2^x$), e a situação 2, em que a é um número entre 0 e 1 (exemplificada por $y=0,5^x$).

Situação 1. Função $y=2^x$.

Vejamos, a seguir, alguns pontos da função $y=2^x$.

x	y=2^x
-2	0,25, pois $2^{-2}=1/2^2=0,25$
-1	0,5, pois $2^{-1}=1/2^1=0,5$
0	1, pois $2^0=1$
1	2, pois $2^1=2$
2	4, pois $2^2=4$
3	8, pois $2^3=8$
4	16, pois $2^4=16$
5	32, pois $2^5=32$

Observe que, independentemente de x assumir valores negativos ou positivos ou de fazermos x=0, os valores de $y=2^x$ são sempre positivos, conforme podemos ver no gráfico da figura a seguir.

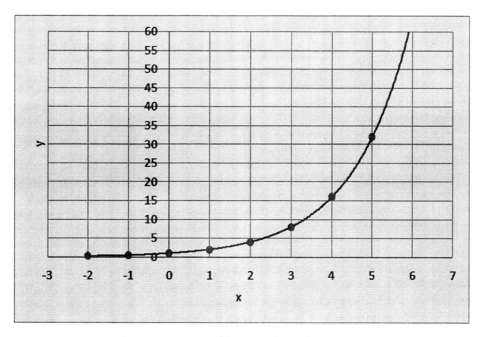

Figura 1.33. Gráfico da função $y = 2^x$.

A análise do gráfico da figura anterior revela que:
- se os valores assumidos por x aumentam, os valores resultantes em $y = 2^x$ também aumentam;
- se os valores assumidos por x diminuem, o gráfico de $y = 2^x$ tende para imagem zero, sem nunca atingir a imagem igual a zero.

Veja que o domínio de $y = 2^x$ (ou $f(x) = 2^x$) é o conjunto de todos os números reais ($D(f) = \mathbb{R}$) e que sua imagem é o conjunto dos números reais positivos ($\text{Im}(f) = \{y \in \mathbb{R} / y > 0\}$).

Preste atenção!

Veja que o gráfico de $y = 2^x$ não tem similaridade com o gráfico de y=2x: y=2x é uma reta crescente que passa pela origem, como pode ser visto na figura a seguir, bem diferente da curva que acabamos de estudar.

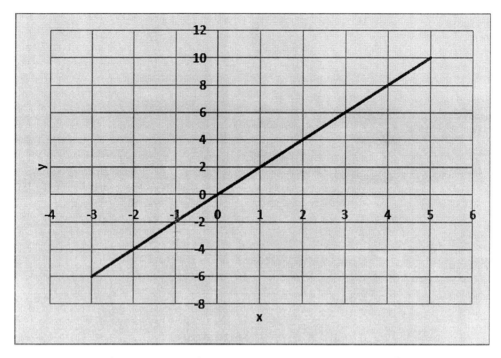

Figura 1.34. Gráfico da função y=2x, bem diferente do gráfico de $y = 2^x$.

Existe um gráfico parecido com o gráfico $y = 2^x$, muito utilizado em modelagem matemática e nas ciências em geral, que é o gráfico de $y = e^x$, em que a base indicada por e é o número neperiano (número irracional que vale aproximadamente 2,72). Trata-se de uma função crescente e que cruza o eixo y em y=1 (pois $e^0 = 1$), conforme mostrado na figura a seguir.

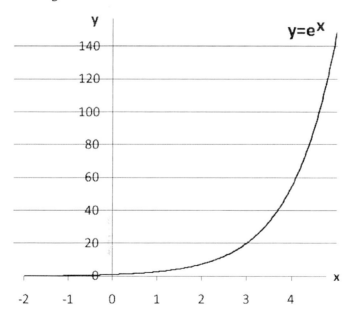

Figura 1.35. Gráfico da função $y = e^x$.

Situação 2. Função $y = 0,5^x$.

Vejamos, a seguir, alguns pontos da função $y = 0,5^x$.

x	$y = 0,5^x$
-5	32, pois $(0,5)^{-5}=(1/2)^{-5}=(2/1)^5=2^5=32$
-4	16, pois $(0,5)^{-4}=(1/2)^{-4}=(2/1)^4=2^4=16$
-3	8, pois $(0,5)^{-3}=(1/2)^{-3}=(2/1)^3=2^3=8$
-2	4, pois $(0,5)^{-2}=(1/2)^{-2}=(2/1)^2=2^2=4$
-1	2, pois $(0,5)^{-1}=(1/2)^{-1}=(2/1)^1=2^1=2$
0	1, pois $(0,5)^0=1$
1	0,5, pois $(0,5)^1=0,5$
2	0,25, pois $(0,5)^2=0,25$

Observe que, independentemente de x assumir valores negativos ou positivos ou de fazermos x=0, os valores de $y = 0,5^x$ são sempre positivos, conforme podemos ver no gráfico da figura a seguir.

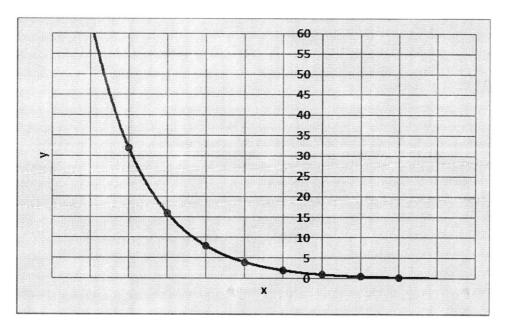

Figura 1.36. Gráfico da função $y = 0,5^x$.

A análise do gráfico da figura anterior revela que:
- se os valores assumidos por x diminuem, os valores resultantes em $y = 0,5^x$ aumentam;

- se os valores assumidos por x aumentam, o gráfico de $y=0,5^x$ tende para imagem zero, sem nunca atingir a imagem igual a zero.

Veja que o domínio de $y=0,5^x$ (ou $f(x)=0,5^x$) é o conjunto de todos os números reais ($D(f)=\mathbb{R}$) e que sua imagem é o conjunto dos números reais positivos ($\text{Im}(f)=\{y\in\mathbb{R}\,/\,y>0\}$).

1.8. FUNÇÃO LOGARÍTMICA

Vamos começar nosso estudo sobre a função logarítmica recordando o significado do logaritmo por meio de um exemplo simples: o logaritmo do logaritmando 8 na base 2. O resultado desse logaritmo, indicado por $\log_2 8$, é 3, visto que 2 elevado ao cubo dá 8 ($2^3=8$).

O logaritmo "busca" o expoente que a base "precisa ter" para resultar no logaritmando. No caso que acabamos de apresentar, obtivemos um número inteiro, mas nem sempre isso acontece. Vejamos outro exemplo, cujo valor foi obtido com o uso de calculadora: $\log_5 17 \cong 1,760374$, pois $5^{1,760374} \cong 17$.

A equação geral de uma função logarítmica é $y=\log_a x$. Vale destacar que apenas podemos extrair logaritmos de logaritmando x e de base a positivos, sendo que, necessariamente, a base a deve ser diferente de 1.

Para entendermos como a função $y=\log_a x$ funciona, vamos ver os exemplos de dois gráficos: $y=\log_2 x$, em que a é um número maior do que 1, e $y=\log_{0,5} x$, em que a é um número entre 0 e 1.

Os gráficos dessas funções, construídos com o auxílio de ferramentas do Excel, estão mostrados a seguir.

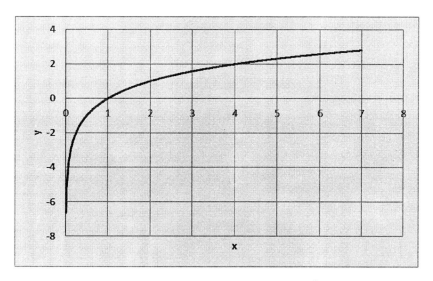

Figura 1.37. Gráfico da função $y = \log_2 x$.

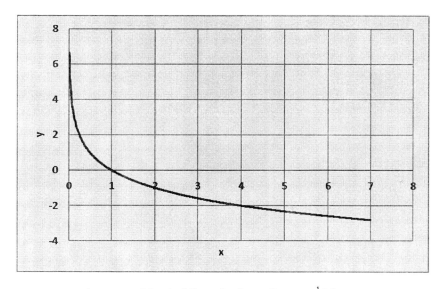

Figura 1.38. Gráfico da função $y = \log_{0.5} x$.

Um logaritmo muito frequente é o de base e, indicado por "ln (ele-ene)", conforme exemplo a seguir, calculado por meio de calculadora:

$$\log_e 65 = \ln 65 \cong 4{,}174387$$

O gráfico da função $y = \ln x$ está mostrado na figura a seguir.

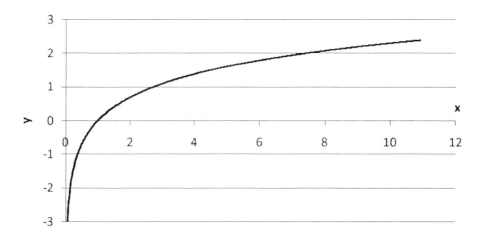

Figura 1.39. Gráfico da função $y = \ln x$.

Pela análise do gráfico da figura anterior, vemos que, se os valores de x aumentam, os valores de y aumentam. Se os valores de x aproximam-se de zero, o gráfico de $y = \ln x$ aproxima-se do eixo vertical, sem nunca o atingir. Logo, o domínio da função $y = \ln x$, ou $f(x) = \ln x$, corresponde apenas aos números reais maiores do zero, ou seja, $Df(x) = \{x \in \Re / x > 0\}$.

1.9. OUTRAS FUNÇÕES

Há inúmeras outras funções além das que estudamos até o momento. A seguir, veremos algumas delas e, mais adiante, veremos um modo de estudarmos os comportamentos de funções complexas.

1.9.1. Função $y = \sqrt{x}$ (ou $f(x) = \sqrt{x}$)

O gráfico de $f(x) = \sqrt{x}$ contém o ponto (0,0), pois, se x=0, $f(0) = \sqrt{0} = 0$.

Vimos que o domínio de $f(x) = \sqrt{x}$ é $Df(x) = \{x \in \Re / x \geq 0\}$, visto que não podemos extrair a raiz quadrada de números negativos. Também vimos que, como f(x) é a raiz quadrada de um número não negativo, f(x) é um número não negativo e a imagem da função é $\text{Im}(f) = \{f(x) \in \mathbb{R} / f(x) \geq 0\}$.

Pelo exposto, vemos que o gráfico de $y = \sqrt{x}$ ocupa somente a parte do plano xy que fica acima do eixo x e à direita do eixo y.

Na tabela a seguir, temos alguns pontos de $y=\sqrt{x}$.

X	$y=\sqrt{x}$
0	0
1,5	1,22474
2	1,41421
3	1,73205
5,7	2,38747
8	2,82843
12	3,4641
16	4
27	5,19615
35	5,91608
60	7,74597

O gráfico de $y=\sqrt{x}$ está mostrado na figura a seguir.

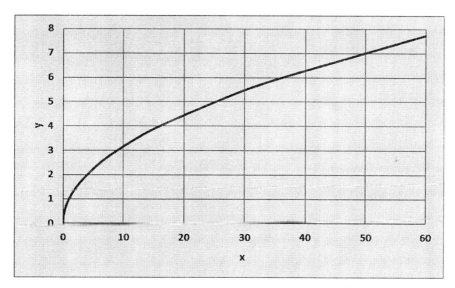

Figura 1.40. Gráfico da função $y=\sqrt{x}$.

1.9.2. Função $y=x^3$ (ou $f(x)=x^3$)

O gráfico de $y=x^3$, ou $f(x)=x^3$, contém o ponto (0,0), pois, se x=0, $f(0)=0^3=0$.

O domínio de $f(x)=x^3$ é $Df(x)=\mathbb{R}$ e a imagem dessa função é $\text{Im}(f)=\mathbb{R}$.

Visto que a regra que associa as variáveis x e y é dada por "y é igual ao valor de x elevado ao cubo", se usarmos números negativos no lugar de x, teremos valores negativos em y, e, se usarmos números positivos no lugar de x, teremos valores positivos em y. Assim, o gráfico de y=x³ ocupa regiões de todo plano xy.

Na tabela a seguir, temos alguns pontos de $y=x^3$.

x	$y=x^3$
-8	-512
-7	-343
-6	-216
-5	-125
-4	-64
-3	-27
-2	-8
-1	-1
0	0
1	1
2	8
3	27
4	64
5	125
6	216
7	343
8	512

O gráfico de $y=x^3$ está mostrado na figura a seguir.

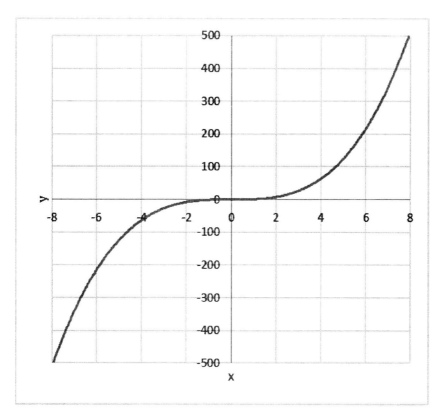

Figura 1.41. Gráfico da função $y = x^3$.

1.9.3. Função $y = \dfrac{1}{x}$ (ou $f(x) = \dfrac{1}{x}$)

Não podemos substituir x por 0 em $f(x) = \dfrac{1}{x}$, pois a divisão por 0 não é matematicamente definida.

Logo, o domínio de $f(x) = \dfrac{1}{x}$ corresponde a todos os números reais, com exceção do zero: $Df(x) = \{x \in \Re \,/\, x \neq 0\}$.

Visto que a regra que associa as variáveis x e y é dada por "y é igual a 1 dividido por x", se usarmos números negativos no lugar de x, teremos valores negativos em y, e, se usarmos números positivos no lugar de x, teremos valores positivos em y. Adicionalmente, para x>0, se x aumenta, y diminui.

Na tabela a seguir, temos alguns pontos de $y = \dfrac{1}{x}$.

x	$y = \dfrac{1}{x}$
-5	-0,2
-4	-0,25
-3	-0,3333
-2	-0,5
-1	-1
-0,5	-2
0,5	2
1	1
2	0,5
3	0,33333
4	0,25
5	0,2

Na figura a seguir, temos o gráfico de $y = \dfrac{1}{x}$.

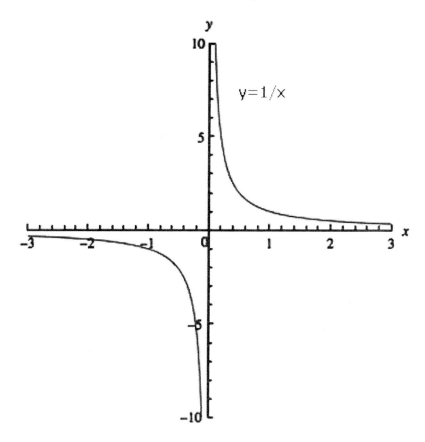

Figura 1.42. Gráfico de $y = \dfrac{1}{x}$.

1.10. RESUMO

Começamos o capítulo 1 abordando noções gerais sobre funções de uma variável. Estudamos os conceitos de funções, de domínio e de imagem e apresentamos variados tipos de gráficos.

Vimos que a função constante é dada por y=f(x)=a, em que a é um número real, e que seu gráfico é uma reta paralela ao eixo horizontal x.

Dissemos que a função do 1º grau é dada por y=f(x)=a.x+b, em que a e b são números reais, sendo a o coeficiente angular e b o coeficiente linear, com a≠0. O termo independente b mostra em que posição a reta corta o eixo y. O coeficiente a determina a inclinação da reta. Se a é positivo, a reta y=f(x)=a.x+b é crescente (inclinada para direita). Se a é negativo, a reta y=f(x)=a.x+b é decrescente (inclinada para esquerda).

Expusemos que a função do 2º grau é dada por $y = f(x) = ax^2 + bx + c$, em que a, b e c são números reais, com a≠0. O gráfico dessa função é uma parábola. O termo independente c mostra em que posição a parábola corta o eixo y. O coeficiente a determina a concavidade da parábola. Se a é positivo, a concavidade da parábola é voltada para cima. Se a é negativo, a concavidade da parábola é voltada para baixo.

O cálculo das raízes de uma função do 2º grau, se existirem, envolve o discriminante Δ, calculado por $\Delta = b^2 - 4ac$. Se Δ é zero, a função tem duas raízes reais e idênticas. Se Δ é negativo, a função não tem raízes reais. Se Δ é positivo, a função tem duas raízes reais e distintas.

Mostramos que as raízes x_1 e x_2 de $y = f(x) = ax^2 + bx + c$, se existirem, são calculadas por:

$$x_1 = \frac{-b-\sqrt{\Delta}}{2a} \quad e \quad x_2 = \frac{-b+\sqrt{\Delta}}{2a}$$

Definimos a função módulo de x (ou função modular), indicada por $f(x) = |x|$, por:
- f(x)=x, se x≥0;
- f(x)=-x, se x<0.

Falamos que as funções trigonométricas cosseno e seno, dadas, respectivamente, por y=cosx e y=senx, são periódicas, cujos valores se repetem em intervalos fixos de 2π, e que tais funções têm valor mínimo de –1 e valor máximo de 1, ou seja, sua imagem está no intervalo [-1,1]. Também falamos da função tangente, dada por y=tgx, cujos valores podem variar continuamente de $-\infty$ até $+\infty$.

Observamos que a equação geral de uma função exponencial é $y = f(x) = a^x$, em que a é um número maior do que zero e diferente de 1, chamado de base da função. Para entendermos como a função $y = f(x) = a^x$ funciona, estudamos duas situações: a situação 1, em que a é um número maior do que 1 (exemplificada por $y = 2^x$), e a situação 2, em que a é um número entre 0 e 1 (exemplificada por $y = 0,5^x$).

Verificamos que a equação geral de uma função logarítmica é $y = \log_a x$. Destacamos que apenas podemos extrair logaritmos de logaritmando x e de base a positivos, sendo que, necessariamente, a base a deve ser diferente de 1. Para entendermos como a função $y = \log_a x$ funciona, exploramos os exemplos de dois gráficos: $y = \log_2 x$, em que a é um número maior do que 1, e $y = \log_{0,5} x$, em que a é um número entre 0 e 1.

Adicionalmente, fizemos os gráficos das funções $f(x) = \sqrt{x}$, $f(x) = x^3$ e $f(x) = \dfrac{1}{x}$.

1.11. EXERCÍCIOS PROPOSTOS

Exercício 1.1. Considere uma escada com 8 degraus, sendo que cada degrau tem 20cm de altura. Faça uma representação gráfica da altura atingida por uma pessoa em função do número de degraus que ela sobe nessa escada.

Exercício 1.2. Esboce o gráfico de f(x)=5x-3, sendo que x representa qualquer número real.

Exercício 1.3. Esboce o gráfico de f(x)=-7,5x+2, sendo que x representa qualquer número real.

Exercício 1.4. Esboce os gráficos de f(x)=2x-14 e de g(x)=-3x+16 no mesmo sistema de eixos, sendo que x representa qualquer número real. Calcule o ponto I de intersecção entre as funções.

Exercício 1.5. Observe a parábola da figura a seguir.

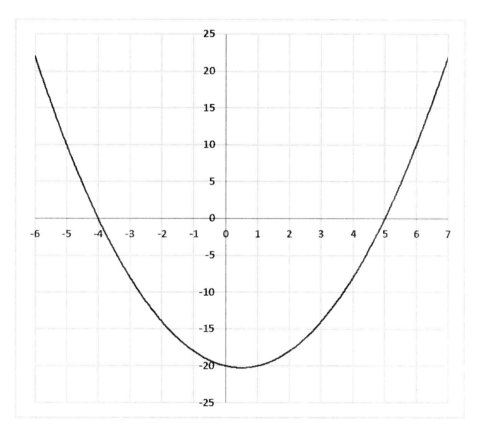

Figura 1.43. Gráfico de uma parábola.

Com base na observação, determine as raízes x_1 e x_2 e o vértice V da parábola.

Exercício 1.6. Esboce o gráfico de $y = f(x) = x^2 + 4x - 21$.

Exercício 1.7. Esboce os gráficos de $f(x) = e^{-0.2x}$ e de $g(x) = e^{0.2x}$ no mesmo sistema de eixos.

Exercício 1.8. Esboce os gráficos de f(x)=2cosx e de g(x)=3senx no mesmo sistema de eixos.

1.12. RESPOSTAS DOS EXERCÍCIOS PROPOSTOS

Exercício 1.1. Se chamarmos o número do degrau de n e a altura de h, temos a tabela e a representação gráfica a seguir.

n	h (cm)
0	0
1	20
2	40
3	60
4	80
5	100
6	120
7	140
8	160

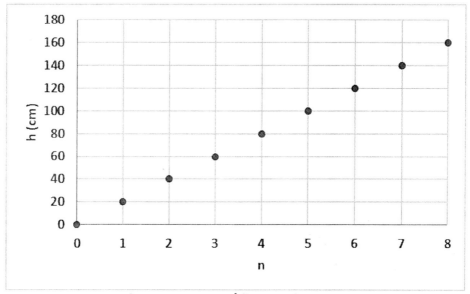

Figura 1.44. Gráfico de h=20n.

Exercício 1.2. Na figura a seguir, temos o gráfico de f(x)=5x-3.

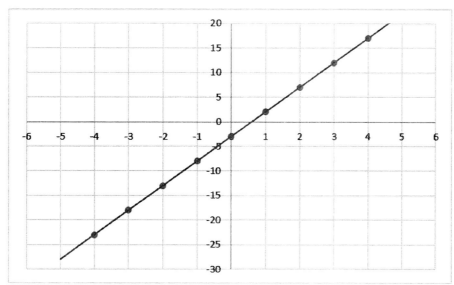

Figura 1.45. Gráfico de f(x)=5x-3.

Exercício 1.3. Na figura a seguir, temos o gráfico de f(x)=-7,5x+2.

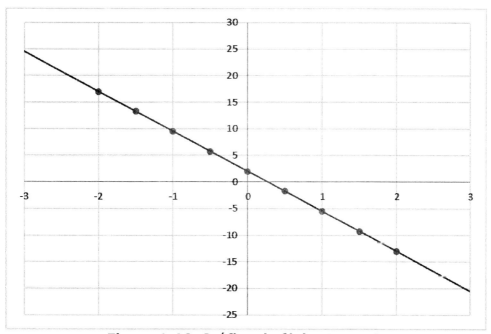

Figura 1.46. Gráfico de f(x)=-7,5x+2.

Exercício 1.4. Na figura a seguir, temos os gráficos de f(x)=2x-14 (reta crescente) e de g(x)=-3x+16 (reta decrescente) no mesmo sistema de eixos. O ponto I de intersecção entre as funções é I=(6,-2), obtido pela resolução de f(x)=g(x).

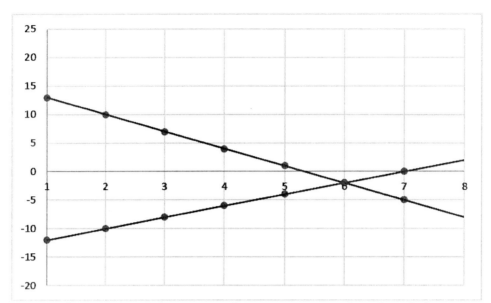

Figura 1.47. Gráficos de f(x)=2x-14 (reta crescente) e de g(x)=-3x+16 (reta decrescente).

Exercício 1.5. Com base na observação do gráfico dado, vemos que as raízes da parábola são $x_1 = -4$ e $x_2 = 5$ e que o seu vértice é V=(0,5;-20).

Exercício 1.6. Na figura a seguir, temos o gráfico de $y = f(x) = x^2 + 4x - 21$.

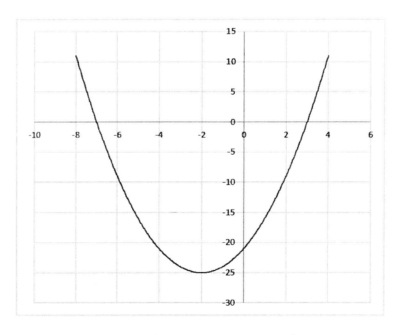

Figura 1.48. Gráfico de $y = f(x) = x^2 + 4x - 21$.

Exercício 1.7. Na figura a seguir, temos os gráficos de $f(x)=e^{-0.2x}$ (função decrescente) e de $g(x)=e^{0.2x}$ (função crescente) no mesmo sistema de eixos.

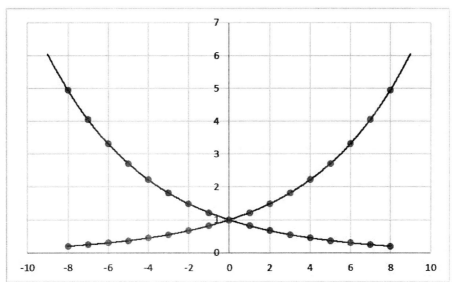

Figura 1.49. Gráficos de $f(x)=e^{-0.2x}$ **(função decrescente) e de** $g(x)=e^{0.2x}$ **(função crescente) no mesmo sistema de eixos.**

Exercício 1.8. Na figura a seguir, temos os gráficos de f(x)=2cosx (com imagem entre -2 e 2) e de g(x)=3senx (com imagem entre -3 e 3) no mesmo sistema de eixos.

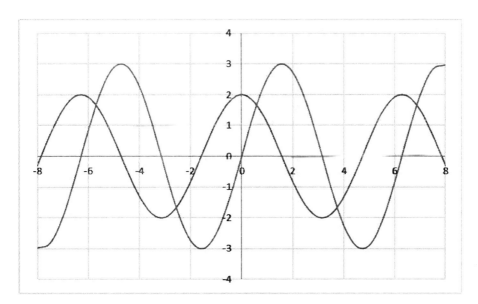

Figura 1.50. Gráficos de f(x)=2cosx (com imagem entre -2 e 2) e de g(x)=3senx (com imagem entre -3 e 3).

CAPÍTULO 2. LIMITES

2.1. NOÇÃO INTUITIVA DE LIMITE

Para começarmos nossos estudos sobre limites, vamos observar a figura a seguir, na qual temos o gráfico de uma função y=f(x) e o destaque de alguns pontos.

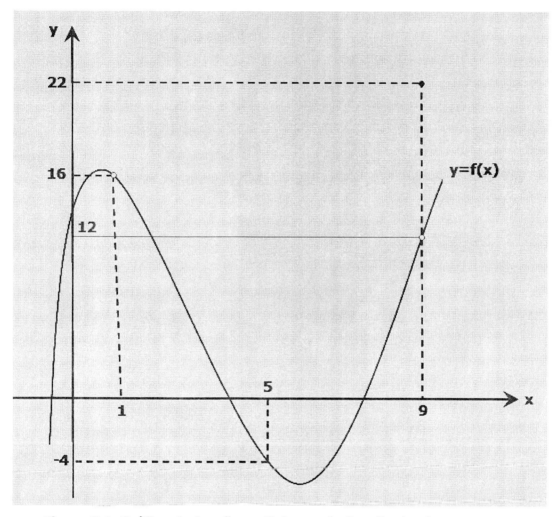

Figura 2.1. Gráfico da função y=f(x), com indicação de alguns pontos.

A leitura do gráfico permite que notemos o que segue.

- A função y=f(x) não é definida em x=1, ou seja, não existe f(1).
- A função y=f(x) é definida e contínua em x=5 e lemos f(5)=-4.
- A função y=f(x) é definida e descontínua em x=9 e lemos f(9)=22.

Preste atenção!

A função em estudo é contínua em x=5, pois podemos percorrer seu gráfico com a ponta de um lápis um pouco à esquerda de x=5 e um pouco à direita de x=5 sem que, para isso, precisemos levantar a ponta do lápis.

Imagine que queiramos ficar cada vez mais perto de x=1 tanto pela sua esquerda (por números menores do que 1, como 0,999; 0,99977; 0,9999999 etc.) quanto pela sua direita (por números maiores do que 1, como 1,3; 1,1; 1,000018 etc.). Aproximar-se de x igual a 1, sem "tocar" em x igual a 1 ($x \neq 1$), é representado por $x \to 1$ e lido como "x tende a um". Logo, quando escrevemos $x \to 1$, não estamos pensando em um "número fixo": estamos pensando em variações de valores de x que convergem para x igual 1 e que nunca chegam a x igual a 1.

No caso do gráfico em estudo, vemos que, se os valores de x tendem a 1 (se $x \to 1$), as imagens de y=f(x) tendem a 16. Isso é representado conforme segue.

Se $x \to 1$, então $f(x) \to 16$, lido como "se x tende a 1, então f(x) tende a 16".

Também podemos representar essa tendência pela notação abaixo.

$\lim_{x \to 1} f(x) = 16$, lido como "o limite da função f(x) quando x tende a 1 é 16".

Note que a função y=f(x) não é definida em x=1, mas tem limite em x=1 e esse limite vale 16. Esse valor seria a imagem da função em x=1 se ela fosse contínua em x=1.

Agora, pense que desejemos ficar cada vez mais perto de x=5 tanto pela sua esquerda (por números menores do que 5, como 4,999; 4,99996; 4,9999999 etc.) quanto pela sua direita (por números maiores do que 5, como 5,2; 5,05; 5,000018 etc.). Aproximar-se de x igual a 5, sem "tocar" em x igual a 5 ($x \neq 5$), é representado por $x \to 5$ e lido como "x tende a 5".

No caso do gráfico em estudo, vemos que, se os valores de x tendem a 5 (se $x \to 5$), as imagens de y=f(x) tendem a -4. Isso é representado conforme segue.

Se $x \to 5$, então $f(x) \to -4$, lido como "se x tende a 5, então f(x) tende a -4".

Também podemos representar essa tendência pela notação abaixo.

$\lim_{x \to 5} f(x) = -4$, lido como "o limite da função f(x) quando x tende a 5 é -4".

Veja que a função y=f(x) é definida e contínua em x=5 e seu limite em x=5 é o valor da sua imagem nesse ponto, igual a -4.

Finalmente, considere que nosso objetivo seja ficar cada vez mais perto de x=9 tanto pela sua esquerda (por números menores do que 9, como 8,999; 8,9998; 8,9999999 etc) quanto pela sua direita (por números maiores do que 9, como 9,3; 9,2; 9,00001 etc). Aproximar-se de x igual a 9, sem "tocar" em x igual a 9 ($x \neq 9$), é representado por $x \to 9$ e lido como "x tende a 9".

No caso do gráfico em estudo, vemos que, se os valores de x tendem a 9 (se $x \to 9$), as imagens de y=f(x) tendem a 12. Isso é representado conforme segue.

Se $x \to 9$, então $f(x) \to 12$, lido como "se x tende a 9, então f(x) tende a 12".

Também podemos representar essa tendência pela notação abaixo.

$\lim_{x \to 9} f(x) = 12$, lido como "o limite da função f(x) quando x tende a 9 é 12".

Observe que a função y=f(x) é definida e descontínua em x=9 e seu limite em x=9, que vale 12, não é o valor da sua imagem nesse ponto, igual a 22. O valor 12 seria a imagem da função em x=9 se ela fosse contínua em x=9.

Para fixarmos o que vimos, vamos estudar algumas situações relativas ao gráfico da função y=z(x) apresentado na figura a seguir. Veja que essa função apresenta descontinuidade em x=3, mas tem imagem z(3)=56.

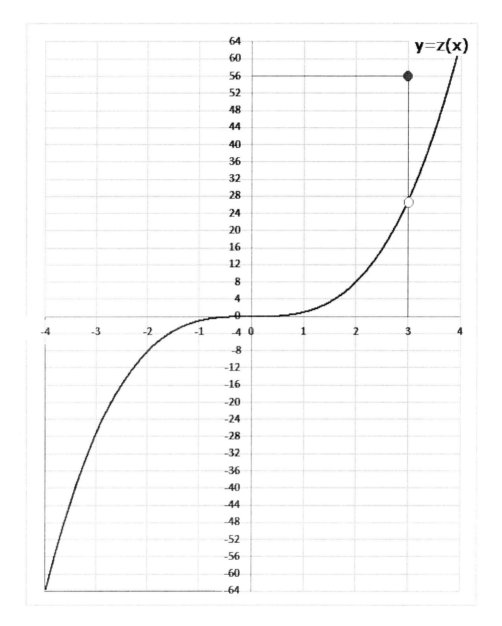

Figura 2.2. Gráfico da função y = z(x), com indicação de alguns pontos.

Com as indicações presentes no gráfico, podemos ler os limites a seguir.

$$\lim_{x \to -4} z(x) = -64 = z(-4)$$

$$\lim_{x \to 0} z(x) = 0 = z(0)$$

$$\lim_{x \to 3} z(x) = 27 \neq z(3)$$

2.2. LIMITES LATERAIS

Para entendermos o significado dos limites laterais, vamos tomar como exemplo o gráfico da função $t(x) = \dfrac{1}{x}$, mostrado na figura a seguir.

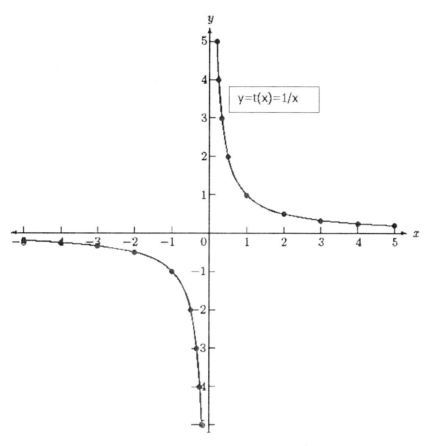

Figura 2.3. Gráfico de $t(x) = \dfrac{1}{x}$.

A função $t(x) = \dfrac{1}{x}$ é contínua em "quase" todos os pontos, com exceção de x=0, sendo que, nesse caso, não existe t(0). Assim, pela leitura do gráfico, vemos o que segue.

$$\lim_{x \to -1} \dfrac{1}{x} = -1$$

$$\lim_{x \to 0.5} \dfrac{1}{x} = 2$$

Embora a função $t(x) = \dfrac{1}{x}$ não tenha limite em x=0 (o limite de t(x) quando x tende a 0 não existe), podemos calcular os limites laterais dessa função quando x tende a zero pela sua esquerda, representado por $\lim\limits_{x \to 0^-} \dfrac{1}{x}$, e quando x tende a zero pela sua direita, representado por $\lim\limits_{x \to 0^+} \dfrac{1}{x}$. Vejamos.

Para calcularmos $\lim\limits_{x \to 0^-} \dfrac{1}{x}$, ficamos cada vez mais perto de x=0 pela sua esquerda (por números menores do que 0, como -0,1; -0,0001; -0,0000001 etc). Aproximar-se de x igual a 0 pela sua esquerda, sem "tocar" em x igual a 0 ($x \neq 0$), é representado por $x \to 0^-$ e lido como "x tende a 0 pela esquerda". Vemos, pelo gráfico de $t(x) = \dfrac{1}{x}$, que o limite procurado é -∞, lido como "menos infinito", conforme representado a seguir.

$$\lim_{x \to 0^-} t(x) = \lim_{x \to 0^-} \dfrac{1}{x} = -\infty$$

Para calcularmos $\lim\limits_{x \to 0^+} \dfrac{1}{x}$, ficamos cada vez mais perto de x=0 pela sua direita (por números maiores do que 0, como 0,1; 0,0001; 0,0000001 etc). Aproximar-se de x igual a 0 pela sua direita, sem "tocar" em x igual a 0 ($x \neq 0$), é representado por $x \to 0^+$ e lido como "x tende a 0 pela direita". Vemos, pelo gráfico de $t(x) = \dfrac{1}{x}$, que o limite procurado é +∞, lido como "mais infinito", conforme representado a seguir.

$$\lim_{x \to 0^+} t(x) = \lim_{x \to 0^+} \dfrac{1}{x} = +\infty$$

Preste atenção!

Quando escrevemos, por exemplo, $x \to 2^-$ (x tende a 2 pela esquerda) ou $x \to -3^+$ (x tende a -3 pela direita), as indicações em sobrescrito ao lado direito dos números não têm relação com os sinais desses números. Em $x \to 2^-$, fazemos a aproximação de 2 por números menores do que 2 (1,9; 1,99; 1,999 etc). Em $x \to -3^+$, fazemos a aproximação de -3 por números maiores do que -3 (-2,9; -2,99; -2,999 etc).

Preste atenção!

Se um dos limites laterais não existe, o limite não existe. Se os limites laterais existem e são diferentes, o limite não existe.

Preste atenção!

Quando escrevemos $\lim_{x \to a} f(x) = +\infty$, estamos dizendo que os valores de $f(x)$ ficam cada vez maiores e positivos quando x está cada vez mais próximo de a.

Quando escrevemos $\lim_{x \to a} f(x) = -\infty$, estamos dizendo que os valores de $f(x)$ ficam cada vez menores e negativos quando x está cada vez mais próximo de a.

Vale destacar que, quando falamos em infinito, não estamos nos referindo a um número muito grande, mas a algo que não tem dimensão. Veja que

> *o maior de todos os números, para uma criança pequena, pode ser o 100 ou o 1000 ou mesmo 10000000000000, mas, se nos perguntarmos seriamente sobre o maior número natural, não será difícil perceber que ele não existe. Imaginemos que de fato ele exista e que tenha um nome e que se chame Longínquo. Ora, se a cada número n segue sempre o seu sucessor, que é igual a n+1, também a Longínquo, seguirá Longínquo +1, que destituirá deste a qualidade de último e maior de todos os números. Dessa maneira, os naturais são um exemplo claro de um conjunto infinito, isto é, que não tem fim, que nunca se acaba.*
> Disponível em <http://www.im.ufrj.br/~risk/diversos/tamanho.html>. Acesso em 16 ago. 2021.

2.3. OPERAÇÕES COM LIMITES

Imagine que $f(x)$ e $g(x)$ sejam duas funções, tais que $\lim_{x \to a} f(x) = F$ e $\lim_{x \to a} g(x) = G$, ou seja, o limite de $f(x)$ quando x tende a a existe e vale F, e o limite de $g(x)$ quando x tende a a existe e vale G. Suponha que K seja uma constante (um número real qualquer).

Com base nessas considerações, expomos, a seguir, 5 operações com limites, indicadas por O1, O2, O3, O4 e O5.

OPERAÇÃO 01. $\lim_{x \to a} K = K$

Vemos que o limite de uma constante K é a própria constante K. Vejamos um exemplo.

$$\lim_{x \to -3} 279 = 279$$

No exemplo, tivemos K=279.

OPERAÇÃO 02. $\lim_{x \to a}(f \pm g)(x) = \lim_{x \to a} f(x) \pm \lim_{x \to a} g(x) = F \pm G$

Vemos que o limite da soma (ou da subtração) de duas funções é a soma (ou a subtração) dos limites dessas funções. Vejamos um exemplo.

$$\lim_{x \to -5}(x^3 + x^2) = \lim_{x \to -5} x^3 + \lim_{x \to -5} x^2 = (-5)^3 + (-5)^2 = (-125) + (25) = -100$$

No exemplo, tivemos $f(x) = x^3$ e $g(x) = x^2$.

OPERAÇÃO 03. $\lim_{x \to a} K.f(x) = K.\lim_{x \to a} f(x) = K.F$

Vemos que o limite de uma constante K que multiplica uma função é a constante K multiplicada pelo limite da função. Vejamos um exemplo.

$$\lim_{x \to 7} 9x^2 = 9.\lim_{x \to 7} x^2 = 9.(7)^2 = 9.49 = 441$$

No exemplo, tivemos K=9 e $f(x) = x^2$.

OPERAÇÃO 04. $\lim_{x \to a}(f(x).g(x)) = \lim_{x \to a} f(x). \lim_{x \to a} g(x) = F.G$

Vemos que o limite do produto de duas funções é o produto dos limites das funções. Vejamos um exemplo.

$$\lim_{x \to 0}(x^3.\cos x) = \lim_{x \to 0} x^3 . \lim_{x \to 0} \cos x = (0)^3 .\cos 0 = 0.1 = 0$$

No exemplo, tivemos $f(x) = x^3$ e $g(x) = \cos x$.

OPERAÇÃO 05. $\lim_{x \to a} \dfrac{f}{g}(x) = \dfrac{\lim_{x \to a} f(x)}{\lim_{x \to a} g(x)} = \dfrac{F}{G}$, desde que $G \neq 0$.

Vemos que o limite do quociente de duas funções é o quociente dos limites das funções, desde que o limite do denominador seja diferente de zero. Vejamos um exemplo.

$$\lim_{x \to 12} \frac{5x-8}{x+7} = \frac{\lim_{x \to 12}(5x-8)}{\lim_{x \to 12}(x+7)} = \frac{5.12-8}{12+7} = \frac{60-8}{19} = \frac{52}{19}$$

No exemplo, tivemos f(x)=5x-8 e g(x)=x+7.

2.4. LIMITES NO INFINITO

Os limites no infinito dizem respeito aos limites da função $f(x)$ quando x tende a mais infinito ($x \to +\infty$) e quando x tende a menos infinito ($x \to -\infty$). Esses limites podem ou não ser infinitos.

Por exemplo, veja o gráfico da função $f(x) = -2x^5$ mostrado na figura a seguir.

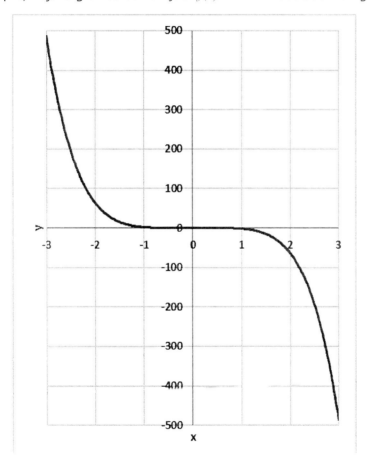

Figura 2.4. Gráfico de $f(x) = -2x^5$.

Do gráfico, vemos que:

$$\lim_{x \to -\infty} -2x^5 = +\infty \text{ e } \lim_{x \to +\infty} -2x^5 = -\infty$$

Esses resultados poderiam ser obtidos se pensássemos algebricamente da seguinte maneira:

- se x tende a $-\infty$, x^5 tende a $-\infty$ e, como -2 é um número negativo, pela regra de sinais da multiplicação, $-2x^5$ tende a $+\infty$;

- se x tende a $+\infty$, x^5 tende a $+\infty$ e, como -2 é um número negativo, pela regra de sinais da multiplicação, $-2x^5$ tende a $-\infty$.

Preste atenção!

Pela regra da multiplicação e da divisão, temos o seguinte:

- a multiplicação e a divisão de dois números positivos ou de dois números negativos geram um número positivo;

- a multiplicação e a divisão de um número positivo e de um número negativo geram um número negativo.

Agora, vamos pensar na função $f(x) = 3 - \dfrac{1}{x}$. Nesse caso, se x tende a $-\infty$ ou se se x tende a $+\infty$, $\dfrac{1}{x}$ tende a zero e $3 - \dfrac{1}{x}$ tende a 3. Logo:

$$\lim_{x \to -\infty} 3 - \dfrac{1}{x} = 3 \text{ e } \lim_{x \to +\infty} 3 - \dfrac{1}{x} = 3$$

Preste atenção!

Se K for uma constante, temos o que se mostra no quadro a seguir em relação à "álgebra do infinito".

Quadro 2.1. "Álgebra do infinito".

$[+\infty + \infty] = +\infty$	$[+\infty . +\infty] = +\infty$	$[+\infty . -\infty] = -\infty$
K. $[+\infty] = +\infty$, se K>0	K. $[+\infty] = -\infty$, se K<0	K. $[-\infty] = -\infty$, se K>0
K. $[-\infty] = +\infty$, se K<0	$[+\infty]^2 = +\infty$	$[-\infty]^2 = +\infty$
$[+\infty]^3 = +\infty$	$[-\infty]^3 = -\infty$	$[-\infty . -\infty] = +\infty$

2.5. SÍMBOLOS DE INDETERMINAÇÕES

Quando calculamos limites, podemos deparar com símbolos de indeterminações, que não têm um resultado numérico pré-estabelecido, como os seguintes:

$$\left[\frac{\pm\infty}{\pm\infty}\right], \left[\frac{0}{0}\right], \left[+\infty-\infty\right], \left[-\infty+\infty\right], \left[0.-\infty\right], \left[0.+\infty\right]$$

Preste atenção!

Pense em um plano: ele tem infinitos pontos. Pense em uma reta desse plano: ela tem infinitos pontos. Retire a reta do plano. Quantos pontos "sobram" no plano? Infinitos. Veja, por esse exemplo, que retiramos infinito do infinito e ainda ficamos com infinito.

Nos casos de indeterminações, precisamos fazer alguma manipulação algébrica para chegar ao resultado procurado. Vejamos um exemplo: qual é o valor de $\lim_{x\to 2}\frac{5x-10}{x^2-2x}$?

Inicialmente, temos a seguinte indeterminação:

$$\lim_{x\to 2}\frac{5x-10}{x^2-2x}=\left[\frac{5(2)-10}{(2)^2-2(2)}\right]=\left[\frac{0}{0}\right]$$

Para sairmos dessa situação, podemos colocar 5 em evidência no numerador e x em evidência no denominador:

$$\lim_{x\to 2}\frac{5x-10}{x^2-2x}=\lim_{x\to 2}\frac{5(x-2)}{x(x-2)}=\lim_{x\to 2}\frac{5}{x}=\frac{5}{2}=2,5$$

Veja que, se x fosse exatamente 2, **não** poderíamos ter feito $\frac{5(x-2)}{x(x-2)}=\frac{5}{x}$: só pudemos fazer isso porque, se x tende a 2 ($x\to 2$), x não é 2, e não ficamos com "divisão por zero".

Preste atenção!

O símbolo $+\infty$ não representa "um número fixo muito grande", pois está relacionado a "algo que não acaba". Veja, por exemplo, que o infinito entre 0 e 2 é maior do que o infinito entre 0 e 1. Logo, nesse caso, $[+\infty - \infty]$ não resulta em zero e $\left[\frac{+\infty}{+\infty}\right]$ não resulta em 1.

2.6. LIMITES FUNDAMENTAIS

O primeiro limite fundamental é o seguinte:

$$\lim_{x \to 0} \frac{sen\,x}{x} = 1$$

Vemos que o limite da função seno de x dividido por x, quando x tende a 0, é igual a 1, o que pode ser visualizado no gráfico de $f(x) = \frac{sen\,x}{x}$, mostrado na figura a seguir.

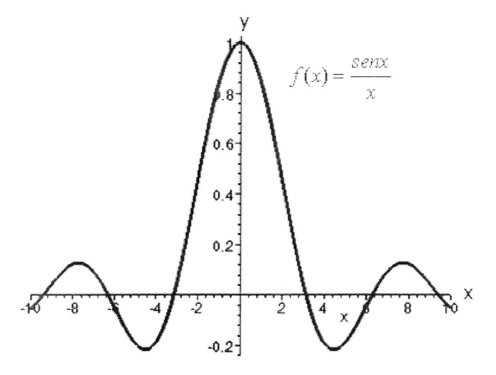

Figura 2.5. Gráfico de $f(x) = \frac{sen\,x}{x}$.

Preste atenção!

A indicação $sen x$ refere-se ao seno do ângulo e não corresponde a uma multiplicação.

O segundo limite fundamental é o seguinte:

$$\lim_{x \to \infty}\left(1+\frac{1}{x}\right)^x = e$$

Vemos que o limite da soma 1 mais 1 sobre x elevada a x, quando x tende a infinito, é igual ao número irracional e, que vale, aproximadamente, 2,72.

Esse resultado é obtido na sequência de cálculos de $\left(1+\frac{1}{x}\right)^x$ para valores cada vez maiores de x, conforme mostrado a seguir.

$$x = 1 : \left(1+\frac{1}{x}\right)^x = \left(1+\frac{1}{1}\right)^1 = 2^1 = 2$$

$$x = 10 : \left(1+\frac{1}{x}\right)^x = \left(1+\frac{1}{10}\right)^{10} = 1,1^{10} = 2,59374246$$

$$x = 100 : \left(1+\frac{1}{x}\right)^x = \left(1+\frac{1}{100}\right)^{100} = 1,01^{100} = 2,704813829$$

$$x = 1000 : \left(1+\frac{1}{x}\right)^x = \left(1+\frac{1}{1000}\right)^{1000} = 1,001^{1000} = 2,716923932$$

•

•

$$\lim_{x \to \infty}\left(1+\frac{1}{x}\right)^x = e$$

Preste atenção!

O segundo limite fundamental também pode ser escrito como $\lim_{x \to 0}(1+x)^{1/x} = e$.

2.7. CÁLCULOS DE LIMITES DE FUNÇÕES

Vamos fixar o que estudamos neste capítulo com os exemplos a seguir.

Exemplo 2.1. $\lim\limits_{x \to -673} 0,7$

Nesse caso, usamos a operação O1, segundo a qual o limite de uma constante é a própria constante:

$$\lim\limits_{x \to -673} 0,7 = 0,7$$

Exemplo 2.2. $\lim\limits_{x \to 53}(8x-9)$

$$\lim\limits_{x \to 53}(8x-9) = \lim\limits_{x \to 53}(8x) - \lim\limits_{x \to 53}(9) = 8.(53) - 9 = 424 - 9 = 415$$

Exemplo 2.3. $\lim\limits_{x \to 0}\left(7x^3 + \dfrac{1}{x+5} - 3\cos x\right)$

$$\lim\limits_{x \to 0}\left(7x^3 + \dfrac{1}{x+5} - 3\cos x\right) = \lim\limits_{x \to 0}(7x^3) + \lim\limits_{x \to 0}\left(\dfrac{1}{x+5}\right) - \lim\limits_{x \to 0}(3\cos x)$$

$$\lim\limits_{x \to 0}\left(7x^3 + \dfrac{1}{x+5} - 3\cos x\right) = 7\lim\limits_{x \to 0}(x^3) + \lim\limits_{x \to 0}\left(\dfrac{1}{x+5}\right) - 3\lim\limits_{x \to 0}(\cos x)$$

$$\lim\limits_{x \to 0}\left(7x^3 + \dfrac{1}{x+5} - 3\cos x\right) = 7(0)^3 + \dfrac{1}{(0)+5} - 3\cos(0) = 0 + \dfrac{1}{5} - 3(1) = \dfrac{1}{5} - 3 = \dfrac{1-15}{5} = -\dfrac{14}{5}$$

Exemplo 2.4. $\lim\limits_{x \to 0} \dfrac{7}{6+2x}$

$$\lim\limits_{x \to 0} \dfrac{7}{6-2x} = \dfrac{7}{6-2(0)} = \dfrac{7}{6-0} = \dfrac{7}{6}$$

Exemplo 2.5. $\lim\limits_{x \to 3^+} \dfrac{7}{6-2x}$

Se x tende a 3 pela sua direita, x aproxima-se cada vez mais de 3, sendo x>3. Nessa "caminhada", 2x aproxima-se cada vez mais de 6, sendo 2x>6. Assim, 6-3x fica cada vez mais próximo de 0, com 6-3x<0, e o quociente $\dfrac{7}{6-2x}$ é negativo e tende $-\infty$.

Logo:

$$\lim\limits_{x \to 3^+} \dfrac{7}{6-2x} = -\infty$$

Exemplo 2.6. $\lim\limits_{x \to 0} \dfrac{1}{3x^2}$

Se x tende a 0 tanto pela sua direita quanto pela sua esquerda, $3x^2$ aproxima-se cada vez mais de 0, sendo $3x^2 > 0$. Assim, o quociente $\dfrac{1}{3x^2}$ é positivo e tende $+\infty$.

Logo:

$$\lim\limits_{x \to 0} \dfrac{1}{3x^2} = +\infty$$

Exemplo 2.7. $\lim\limits_{x \to 4} \dfrac{x^2 - 16}{x - 4}$

Inicialmente, temos a indeterminação a seguir.

$$\lim\limits_{x \to 4} \dfrac{x^2 - 16}{x - 4} = \left[\dfrac{(4)^2 - 16}{(4) - 4}\right] = \left[\dfrac{0}{0}\right]$$

Para fatorarmos o numerador, usamos $a^2 - b^2 = (a-b).(a+b)$, com a=x e b=4. Ou seja:

$$x^2 - 16 = x^2 - 4^2 = (x-4).(x+4)$$

Logo:

$$\lim\limits_{x \to 4} \dfrac{x^2 - 16}{x - 4} = \lim\limits_{x \to 4} \dfrac{(x-4).(x+4)}{x - 4} = \lim\limits_{x \to 4}(x+4) = 4 + 4 = 8$$

Preste atenção!

A lei do cancelamento dos fatores $(x-4)$ que aparecem tanto no numerador quanto no denominador de $\dfrac{(x-4).(x+4)}{x-4}$ apenas pode ser usada para x≠4, o que já é estabelecido no limite com $x \to 4$.

Exemplo 2.8. $\lim\limits_{x \to 5} \dfrac{\sqrt{x} - \sqrt{5}}{x - 5}$

Inicialmente, temos a indeterminação a seguir.

$$\lim\limits_{x \to 5} \dfrac{\sqrt{x} - \sqrt{5}}{x - 5} = \left[\dfrac{\sqrt{5} - \sqrt{5}}{5 - 5}\right] = \left[\dfrac{0}{0}\right]$$

Vamos multiplicar $\dfrac{\sqrt{x}-\sqrt{5}}{x-5}$ por $\dfrac{\sqrt{x}+\sqrt{5}}{\sqrt{x}+\sqrt{5}}$, o que não altera o quociente original:

$$\lim_{x\to 5}\dfrac{\sqrt{x}-\sqrt{5}}{x-5}=\lim_{x\to 5}\dfrac{\sqrt{x}-\sqrt{5}}{x-5}\cdot\dfrac{\sqrt{x}+\sqrt{5}}{\sqrt{x}+\sqrt{5}}=\lim_{x\to 5}\dfrac{\left(\sqrt{x}-\sqrt{5}\right).\left(\sqrt{x}+\sqrt{5}\right)}{(x-5).\left(\sqrt{x}+\sqrt{5}\right)}$$

No numerador, usamos $(a-b).(a+b)=a^2-b^2$, com $a=\sqrt{x}$ e $b=\sqrt{5}$. Ou seja:

$$(\sqrt{x}-\sqrt{5}).(\sqrt{x}+\sqrt{5})=\left(\sqrt{x}\right)^2-\left(\sqrt{5}\right)^2=x-5$$

Logo:

$$\lim_{x\to 5}\dfrac{\sqrt{x}-\sqrt{5}}{x-5}=\lim_{x\to 5}\dfrac{(x-5)}{(x-5).\left(\sqrt{x}+\sqrt{5}\right)}=\lim_{x\to 5}\dfrac{1}{\left(\sqrt{x}+\sqrt{5}\right)}=\dfrac{1}{\left(\sqrt{5}+\sqrt{5}\right)}=\dfrac{1}{2\sqrt{5}}$$

Exemplo 2.9. $\lim_{x\to 0}\dfrac{7x}{\sqrt{1+5x}-1}$

Inicialmente, temos a indeterminação a seguir.

$$\lim_{x\to 0}\dfrac{7x}{\sqrt{1+5x}-1}=\left[\dfrac{7(0)}{\sqrt{1+5(0)}-1}\right]=\left[\dfrac{0}{\sqrt{1}-1}\right]=\left[\dfrac{0}{1-1}\right]=\left[\dfrac{0}{0}\right]$$

Vamos multiplicar $\dfrac{7x}{\sqrt{1+5x}-1}$ por $\dfrac{\sqrt{1+5x}+1}{\sqrt{1+5x}+1}$, o que não altera o quociente original:

$$\lim_{x\to 0}\dfrac{7x}{\sqrt{1+5x}-1}=\lim_{x\to 0}\dfrac{7x}{\sqrt{1+5x}-1}\cdot\dfrac{\sqrt{1+5x}+1}{\sqrt{1+5x}+1}=\lim_{x\to 0}\dfrac{7x.\left(\sqrt{1+5x}+1\right)}{\left(\sqrt{1+5x}-1\right).\left(\sqrt{1+5x}+1\right)}$$

No denominador, usamos $(a-b).(a+b)=a^2-b^2$, com $a=\sqrt{1+5x}$ e $b=1$.
Ou seja:

$$\left(\sqrt{1+5x}-1\right).\left(\sqrt{1+5x}+1\right)=\left(\sqrt{1+5x}\right)^2-(1)^2=1+5x-1=5x$$

Logo:

$$\lim_{x\to 0}\dfrac{7x}{\sqrt{1+5x}-1}=\lim_{x\to 0}\dfrac{7x.\left(\sqrt{1+5x}+1\right)}{5x}=\lim_{x\to 0}\dfrac{7.\left(\sqrt{1+5x}+1\right)}{5}$$

$$\lim_{x\to 0}\dfrac{7x}{\sqrt{1+5x}-1}=\dfrac{7.\left(\sqrt{1+5(0)}+1\right)}{5}=\dfrac{7.\left(\sqrt{1}+1\right)}{5}=\dfrac{7.(1+1)}{5}=\dfrac{7.(2)}{5}=\dfrac{14}{5}$$

Exemplo 2.10. $\lim_{x \to 0} \dfrac{x-3}{x^2 + 2x - 15}$

$$\lim_{x \to 0} \dfrac{x-3}{x^2 + 2x - 15} = \dfrac{(0)-3}{(0)^2 + 2(0) - 15} = \dfrac{-3}{-15} = \dfrac{1}{5}$$

Exemplo 2.11. $\lim_{x \to 3} \dfrac{x-3}{x^2 + 2x - 15}$

Inicialmente, temos a indeterminação a seguir.

$$\lim_{x \to 3} \dfrac{x-3}{x^2 + 2x - 15} = \left[\dfrac{(3)-3}{(3)^2 + 2(3) - 15} \right] = \left[\dfrac{3-3}{9+6-15} \right] = \left[\dfrac{0}{0} \right]$$

Se fizermos $x^2 + 2x - 15 = 0$, achamos as raízes x_1 e x_2 da função $y = x^2 + 2x - 15$ e conseguimos fatorá-la por:

$$ax^2 + bx + c = a(x - x_1)(x - x_2)$$

No exemplo, temos $ax^2 + bx + c = 1x^2 + 2x - 15$, ou seja, $a = 1$, $b = 2$ e $c = -15$.

Para resolvermos $ax^2 + bx + c = 0$, usamos a fórmula de Bhaskara:

$$x = \dfrac{-b \pm \sqrt{\Delta}}{2a}, \text{ com } \Delta = b^2 - 4ac$$

Como $a = 1$, $b = 3$ e $c = -15$, temos:

$$\Delta = b^2 - 4ac = (2)^2 - 4(1)(-15) = 4 + 60 = 64$$

$$x_1 = \dfrac{-b + \sqrt{\Delta}}{2a} = \dfrac{-(2) + \sqrt{64}}{2(1)} = \dfrac{-2 + 8}{2} = 3$$

$$x_2 = \dfrac{-b - \sqrt{\Delta}}{2a} = \dfrac{-(2) - \sqrt{64}}{2(1)} = \dfrac{-2 - 8}{2} = -5$$

Logo, ficamos com a seguinte fatoração:

$$x^2 + 2x - 15 = 1x^2 + 2x - 15 = 1(x - (3)).(x - (-5)) = (x - 3)(x + 5)$$

O limite a ser resolvido fica:

$$\lim_{x \to 3} \dfrac{x-3}{x^2 + 2x - 15} = \lim_{x \to 3} \dfrac{x-3}{(x-3)(x+5)}$$

$$\lim_{x \to 3} \dfrac{x-3}{x^2 + 2x - 15} = \lim_{x \to 3} \dfrac{1}{x+5} = \dfrac{1}{3+5} = \dfrac{1}{8}$$

Exemplo 2.12. $\lim_{x \to +\infty} 3x^2 + 5x - 12$

O termo que "comanda" a função $f(x) = 3x^2 + 5x - 12$ quando x tende a $+\infty$ é o termo de maior grau. Logo, para valores cada vez maiores de x, os valores da função são dados predominantemente pela parcela $3x^2$. Assim, "no infinito", podemos fazer:

$$\lim_{x \to +\infty} 3x^2 + 5x - 12 = \lim_{x \to +\infty} 3x^2 = 3\left[(+\infty)^2\right] = +\infty$$

Exemplo 2.13. $\lim_{x \to -\infty} 0,5x^2 + 25x - 132$

O termo que "comanda" a função $f(x) = 0,5x^2 + 25x - 132$ quando x tende a $-\infty$ é o termo de maior grau. Logo, para valores cada vez maiores de x, os valores da função são dados predominantemente pela parcela $0,5x^2$. Assim, "no infinito", podemos fazer:

$$\lim_{x \to -\infty} 0,5x^2 + 25x - 132 = \lim_{x \to -\infty} 0,5x^2 = 0,5\left[(-\infty)^2\right] = +\infty$$

Exemplo 2.14. $\lim_{x \to -\infty} -0,3x^5 + 25x^2 + 47$

O termo que "comanda" a função $f(x) = -0,3x^5 + 25x^2 + 47$ quando x tende a $-\infty$ é o termo de maior grau. Logo, para valores cada vez maiores de x, os valores da função são dados predominantemente pela parcela $-0,3x^5$. Assim, "no infinito", podemos fazer:

$$\lim_{x \to -\infty} -0,3x^5 + 25x^2 + 47 = \lim_{x \to -\infty} -0,3x^5 = -0,3\left[(-\infty)^5\right] = +\infty$$

Exemplo 2.15. $\lim_{x \to +\infty} \dfrac{-9x^2 - 6x + 5}{2x^2 - 7}$

O termo que "comanda" a função do numerador quando x tende a $+\infty$ é $-9x^2$ e o termo que "comanda" a função do denominador quando x tende a $+\infty$ é $2x^2$. Assim, "no infinito", podemos fazer:

$$\lim_{x \to +\infty} \frac{-9x^2 - 6x + 5}{2x^2 - 7} = \lim_{x \to +\infty} \frac{-9x^2}{2x^2} = \lim_{x \to +\infty} \frac{-9}{2} = -\frac{9}{2}$$

Exemplo 2.16. $\lim\limits_{x \to -\infty} \dfrac{2x^7 + 6x^2 + 5x}{x^2 + 8}$

O termo que "comanda" a função do numerador quando x tende a $-\infty$ é $2x^7$ e o termo que "comanda" a função do denominador quando x tende a $-\infty$ é x^2. Assim, "no infinito", podemos fazer:

$$\lim_{x \to -\infty} \frac{2x^7 + 6x^2 + 5x}{x^2 + 8} = \lim_{x \to -\infty} \frac{2x^7}{x^2} = \lim_{x \to -\infty} 2x^5 = 2\left[(-\infty)^5\right] = -\infty$$

Exemplo 2.17. $\lim\limits_{x \to -\infty} \dfrac{x^2 + 8}{2x^7 + 6x^2 + 5x}$

O termo que "comanda" a função do numerador quando x tende a $-\infty$ é x^2 e o termo que "comanda" a função do denominador quando x tende a $-\infty$ é $2x^7$. Assim, "no infinito", podemos fazer:

$$\lim_{x \to -\infty} \frac{x^2 + 8}{2x^7 + 6x^2 + 5x} = \lim_{x \to -\infty} \frac{x^2}{2x^7} = \lim_{x \to -\infty} \frac{1}{2x^5} = \lim_{x \to -\infty} \frac{1}{2} \frac{1}{x^5} = \frac{1}{2} \lim_{x \to -\infty} \frac{1}{x^5}$$

Se x tende a $-\infty$, x^5 tende $-\infty$ e $\dfrac{1}{x^5}$ tende a 0. Logo:

$$\lim_{x \to -\infty} \frac{x^2 + 8}{2x^7 + 6x^2 + 5x} = \frac{1}{2} \lim_{x \to -\infty} \frac{1}{x^5} = \frac{1}{2}.(0) = 0$$

Exemplo 2.18. $\lim\limits_{x \to 0} \dfrac{sen 5x}{5x}$

Para resolver esse limite, vamos substituir 5x por u: $u = 5x$.

Vemos que, quando x tende a zero, 5x tende a zero e u tende a zero.

Logo, podemos escrever:

$$\lim_{x \to 0} \frac{sen 5x}{5x} = \lim_{u \to 0} \frac{sen u}{u}$$

Assim, chegamos ao primeiro limite fundamental $\lim\limits_{u \to 0} \dfrac{sen u}{u} = 1$.

Concluímos que:

$$\lim_{x \to 0} \frac{sen 5x}{5x} = \lim_{u \to 0} \frac{sen u}{u} = 1$$

Exemplo 2.19. $\lim_{x \to 0} \dfrac{sen11x}{8x}$

Para resolver esse limite, vamos substituir 11x por u: $u = 11x$.

Vemos que, quando x tende a zero, 11x tende a zero e u tende a zero.

Além disso, se $u = 11x$ então $x = \dfrac{1}{11}u$, como mostrado a seguir.

$$u = 11x \to \dfrac{u}{11} = x \to \dfrac{1}{11}u = x \to x = \dfrac{1}{11}u$$

Logo, podemos escrever:

$$\lim_{x \to 0} \dfrac{sen11x}{8x} = \lim_{u \to 0} \dfrac{senu}{8 \cdot \dfrac{1}{11}u} = \lim_{u \to 0} \dfrac{senu}{\dfrac{8}{11}u} = \lim_{u \to 0} \dfrac{11}{8} \cdot \dfrac{senu}{u} = \dfrac{11}{8} \lim_{u \to 0} \dfrac{senu}{u}$$

Assim, chegamos ao primeiro limite fundamental $\lim_{u \to 0} \dfrac{senu}{u} = 1$.

Logo:

$$\lim_{x \to 0} \dfrac{sen11x}{8x} = \dfrac{11}{8} \lim_{u \to 0} \dfrac{senu}{u} = \dfrac{11}{8} \cdot 1 = \dfrac{11}{8}$$

Exemplo 2.20. $\lim_{x \to 0}(1+7x)^{12/x}$

Para resolver esse limite, vamos substituir 7x por u: $u = 7x$.

Vemos que, quando x tende a zero, 7x tende a zero e u tende a zero.

Além disso, se $u = 7x$ então $x = \dfrac{1}{7}u$, como mostrado a seguir.

$$u = 7x \to \dfrac{u}{7} = x \to \dfrac{1}{7}u = x \to x = \dfrac{1}{7}u$$

Logo, podemos escrever:

$$\lim_{x \to 0}(1+7x)^{12/x} = \lim_{u \to 0}(1+u)^{12/\frac{u}{7}} = \lim_{u \to 0}(1+u)^{12 \cdot 7/u} = \lim_{u \to 0}(1+u)^{84/u} = \left(\lim_{u \to 0}(1+u)^{1/u}\right)^{84}$$

Assim, chegamos ao segundo limite fundamental $\lim_{u \to 0}(1+u)^{1/u} = e$.

Logo:

$$\lim_{x \to 0}(1+7x)^{12/x} = \left(\lim_{u \to 0}(1+u)^{1/u}\right)^{84} = e^{84}$$

2.8. RESUMO

No capítulo 2, passamos para o estudo dos limites.

Explicamos que, quando dizemos que x tende ao número indicado por a ($x \to a$), estamos afirmando que x não é igual a a ($x \neq a$). Falar que x tende a a ($x \to a$) é pensar em uma sequência de números que se aproximam cada vez mais de a, sem que, precisamente, cheguem a a.

Além disso, frisamos que, quando escrevemos $\lim_{x \to a} f(x) = L$, estamos pensando que o limite existe e que, se x converge para a, então $f(x)$ converge para L. Ou seja, quando escrevemos $\lim_{x \to a} f(x) = L$, assumimos que tal limite existe e que $f(x)$ se aproxima cada vez mais do valor L quando x se aproxima cada vez mais do valor a.

Analisamos situações semelhantes aos casos I, II e III mostrados na figura a seguir, em que temos três gráficos quase idênticos, que diferem apenas do que ocorre em $x = a$.

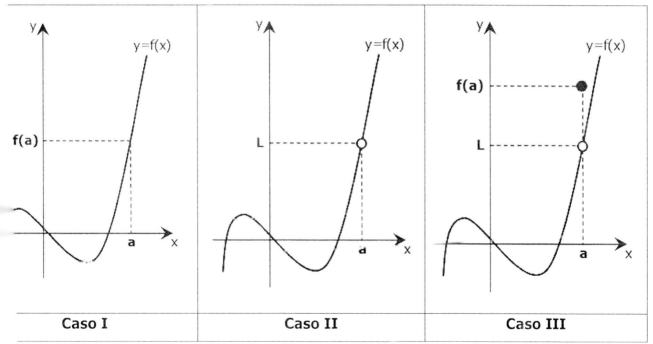

Figura 2.6. Gráficos quase idênticos.

Nas três situações, a é um número real que pertence (casos I e III) ou que não pertence (caso II) ao domínio da função y=f(x). A letra L representa um número real que é (caso I) ou que não é (casos I e III) a imagem de $x = a$. O limite de $f(x)$ é L quando x tende a a se os valores de $f(x)$ ficam cada vez mais próximos de L quando os valores de x ficam cada vez mais próximos de a. Escrevemos isso como $\lim_{x \to a} f(x) = L$.

Verificamos que:

- o cálculo do limite não considera o valor de $f(x)$ no ponto a, mas o comportamento de $f(x)$ nas proximidades de $x = a$;
- se existir, o limite L é único.
- o conceito de limite está associado ao conceito de convergência, visto que, se x converge para a e se $f(x)$ converge para L, então, $\lim_{x \to a} f(x) = L$.

Concluímos que podemos escrever o que segue.

Caso I: $\lim_{x \to a} f(x) = L = f(a)$, sendo que a pertence ao domínio de $f(x)$.

Caso II: $\lim_{x \to a} f(x) = L$, sendo que a não pertence ao domínio de $f(x)$ e não existe $f(a)$.

Caso III: $\lim_{x \to a} f(x) = L \neq f(a)$, sendo que a pertence ao domínio de $f(x)$.

Estudamos os limites laterais, em que x tende a a pela sua esquerda ($x \to a^-$) e em que x tende a a pela sua direita ($x \to a^+$), e os limites infinitos, indicados por $\lim_{x \to a} f(x) = +\infty$ (os valores de $f(x)$ ficam cada vez maiores e positivos quando x está cada vez mais próximo de a) e $\lim_{x \to a} f(x) = -\infty$ (os valores de $f(x)$ ficam cada vez menores e negativos quando x está cada vez mais próximo de a).

Vimos símbolos de indeterminações e os dois limites fundamentais dados por $\lim_{x \to 0} \frac{sen x}{x} = 1$ e $\lim_{x \to \infty} \left(1 + \frac{1}{x}\right)^x = e$.

Finalmente, com a intenção de fixar o conteúdo estudados, fizemos diversos exemplos de cálculos de limites.

2.9. EXERCÍCIOS PROPOSTOS

Exercício 2.1. Calcule $\lim_{x \to -328} 15$.

Exercício 2.2. Calcule $\lim_{x \to 200}(x+100)$

Exercício 2.3. Calcule $\lim_{x \to 0}\left(8x^5 - \dfrac{5}{x+8} + 4\cos x\right)$

Exercício 2.4. Calcule $\lim_{x \to 0}\dfrac{8x}{x^2+3}$

Exercício 2.5. Calcule $\lim_{x \to 2^+}\dfrac{29}{12-6x}$

Exercício 2.6. $\lim_{x \to 0}\dfrac{-3}{5x^4}$

Exercício 2.7. Calcule $\lim_{x \to 3}\dfrac{x^2-9}{3x-9}$

Exercício 2.8. Calcule $\lim_{x \to 2}\dfrac{\sqrt{x}-\sqrt{2}}{3x-6}$

Exercício 2.9. Calcule $\lim_{x \to 0}\dfrac{11x}{\sqrt{1+2x}-1}$

Exercício 2.10. Calcule $\lim_{x \to 0}\dfrac{-32x+13}{x^6+x^5-17}$

Exercício 2.11. Calcule $\lim_{x \to 7}\dfrac{x-7}{x^2-4x-21}$

Exercício 2.12. Calcule $\lim_{x \to +\infty} -12x^5+6x+412$

Exercício 2.13. Calcule $\lim_{x \to -\infty} 0,01x^3+52x-72$

Exercício 2.14. Calcule $\lim\limits_{x \to -\infty} -x^5 + 2x^4 + 3x^3$

Exercício 2.15. Calcule $\lim\limits_{x \to +\infty} \dfrac{-10x^2 + 8x + 3}{2x^2 - 234}$

Exercício 2.16. Calcule $\lim\limits_{x \to +\infty} \dfrac{-0,1x^9 + x^2 + 25x}{5x^3 + 21}$

Exercício 2.17. Calcule $\lim\limits_{x \to +\infty} \dfrac{5x^3 + 21}{-0,1x^9 + x^2 + 25x}$

Exercício 2.18. Calcule $\lim\limits_{x \to 0} \dfrac{sen9x}{9x}$

Exercício 2.19. Calcule $\lim\limits_{x \to 0} \dfrac{sen7x}{3x}$

Exercício 2.20. Calcule $\lim\limits_{x \to 0} (1+3x)^{11/x}$

2.10. RESPOSTAS DOS EXERCÍCIOS PROPOSTOS

Exercício 2.1. $\lim\limits_{x \to -328} 15 = 15$

Exercício 2.2. $\lim\limits_{x \to 200} (x+100) = 300$

Exercício 2.3. $\lim\limits_{x \to 0} \left(8x^5 - \dfrac{5}{x+8} + 4\cos x \right) = \dfrac{27}{8}$

Exercício 2.4. $\lim\limits_{x \to 0} \dfrac{8x}{x^2+3} = 0$

Exercício 2.5. $\lim\limits_{x \to 2^+} \dfrac{29}{12-6x} = -\infty$

Exercício 2.6. $\lim\limits_{x \to 0} \dfrac{-3}{5x^4} = -\infty$

Exercício 2.7. $\lim\limits_{x \to 3} \dfrac{x^2-9}{3x-9} = 2$

Exercício 2.8. $\lim\limits_{x \to 2} \dfrac{\sqrt{x}-\sqrt{2}}{3x-6} = \dfrac{1}{6\sqrt{2}}$

Exercício 2.9. $\lim\limits_{x \to 0} \dfrac{11x}{\sqrt{1+2x}-1} = 11$

Exercício 2.10. $\lim\limits_{x \to 0} \dfrac{-32x+13}{x^6+x^5-17} = -\dfrac{13}{17}$

Exercício 2.11. $\lim\limits_{x \to 7} \dfrac{x-7}{x^2-4x-21} = \dfrac{1}{10}$

Exercício 2.12. $\lim\limits_{x \to +\infty} -12x^5+6x+412 = -\infty$

Exercício 2.13. $\lim\limits_{x \to -\infty} 0,01x^3+52x-72 = -\infty$

Exercício 2.14. $\lim\limits_{x \to -\infty} -x^5+2x^4+3x^3 = +\infty$

Exercício 2.15. $\lim\limits_{x \to +\infty} \dfrac{-10x^2+8x+3}{2x^2-234} = -5$

Exercício 2.16. $\lim\limits_{x \to +\infty} \dfrac{-0,1x^9 + x^2 + 25x}{5x^3 + 21} = -\infty$

Exercício 2.17. $\lim\limits_{x \to +\infty} \dfrac{5x^3 + 21}{-0,1x^9 + x^2 + 25x} = 0$

Exercício 2.18. $\lim\limits_{x \to 0} \dfrac{sen\, 9x}{9x} = 1$

Exercício 2.19. $\lim\limits_{x \to 0} \dfrac{sen\, 7x}{3x} = \dfrac{7}{3}$

Exercício 2.20. $\lim\limits_{x \to 0} (1+3x)^{11/x} = e^{33}$

CAPÍTULO 3. DERIVADAS

3.1. CONCEITO E INTERPRETAÇÃO GEOMÉTRICA DE DERIVADAS (RETA TANGENTE)

Vamos pensar no ponto $P=(x_0, f(x_0))$, de abscissa x_0 e ordenada $f(x_0)$, e no ponto $Q=(x_0+\Delta x, f(x_0+\Delta x))$, de abscissa $x_0+\Delta x$ e ordenada $f(x_0+\Delta x)$, do gráfico da função $y=f(x)$ contínua em P, conforme mostrado na figura a seguir. Considere também a reta secante (reta s) que passa por P e Q.

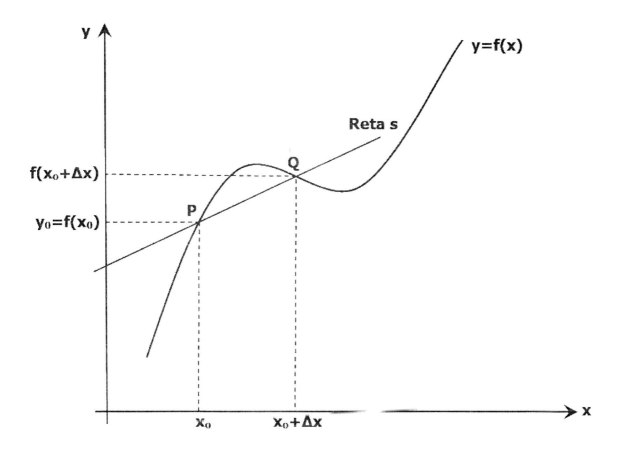

Figura 3.1. Reta secante (reta s) que passa pelos pontos $P=(x_0, f(x_0))$ e $Q=(x_0+\Delta x, f(x_0+\Delta x))$ do gráfico de $y=f(x)$.

A taxa média de variação da função y=f(x) no intervalo $[x_0, x_0+\Delta x]$ contido em seu domínio é dada pelo seguinte quociente:

$$\frac{\Delta y}{\Delta x} = \frac{f(x_0 + \Delta x) - f(x_0)}{\Delta x}$$

Vemos que tal quociente é o coeficiente angular da reta s.

Se fizermos Δx tender a zero ($\Delta x \to 0$), o ponto P tende ao ponto Q e a reta s tende à reta tangente (reta t) ao gráfico de y=f(x) em P, ilustrada na figura a seguir.

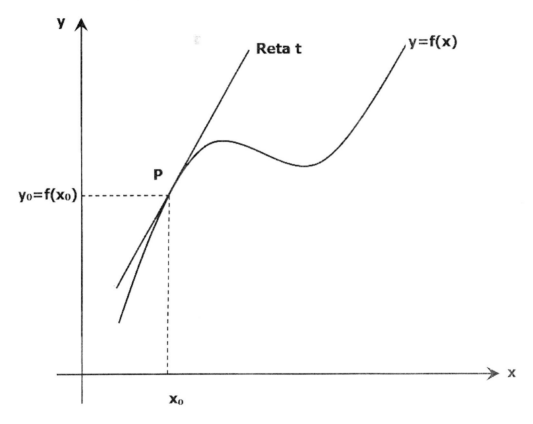

Figura 3.2. Reta secante (reta s) que passa pelos pontos $P = (x_0, f(x_0))$ **e** $Q = (x_0 + \Delta x, f(x_0 + \Delta x))$ **do gráfico de** $y = f(x)$.

A taxa instantânea de variação da função y=f(x) em x_0, que é o coeficiente angular da reta t, indicada por $f'(x_0)$ e chamada de derivada de y=f(x) em x_0, é dada por:

$$f'(x_0) = \lim_{\Delta x \to 0} \frac{\Delta y}{\Delta x} = \lim_{\Delta x \to 0} \frac{f(x_0 + \Delta x) - f(x_0)}{\Delta x}$$

Outros símbolos para a derivada de y=f(x) em x_0 são:

$$y'_0 = f'(x_0) = \left.\frac{dy}{dx}\right|_{x_0} = \left.\frac{df(x)}{dx}\right|_{x_0}$$

Preste atenção!

Os símbolos anteriores são lidos, respectivamente, como "ípsilon linha de x_0", "efe linha de x_0", "dê y dê x em x_0" e "dê efe de x dê x em x_0".

Para aplicarmos o que vimos, vamos determinar a equação da reta t tangente ao gráfico da parábola $y = f(x) = x^2$ no ponto de abscissa $x_0 = 3$.

Primeiramente, precisamos calcular a derivada da função $y = f(x) = x^2$ em $x_0 = 3$, indicada por $f'(x_0) = f'(3)$. Essa derivada é dada pelo limite a seguir.

$$f'(x_0) = \lim_{\Delta x \to 0} \frac{\Delta y}{\Delta x} = \lim_{\Delta x \to 0} \frac{f(x_0 + \Delta x) - f(x_0)}{\Delta x}$$

$$f'(3) = \lim_{\Delta x \to 0} \frac{f(3 + \Delta x) - f(3)}{\Delta x}$$

No caso, temos o que segue:

$$f(3) = (3)^2 = 9$$

$$f(3 + \Delta x) = (3 + \Delta x)^2 = (3)^2 + 2(3)(\Delta x) + (\Delta x)^2 = 9 + 6\Delta x + \Delta x^2$$

Preste atenção!

Veja que, para fazermos $(3 + \Delta x)^2 = 9 + 6\Delta x + \Delta x^2$, usamos, com a=3 e b=Δx, o seguinte:
$$(a+b)^2 = a^2 + 2ab + b^2$$

Logo, ficamos com:

$$f'(3) = \lim_{\Delta x \to 0} \frac{f(3+\Delta x) - f(3)}{\Delta x} = \lim_{\Delta x \to 0} \frac{(9+6\Delta x + \Delta x^2) - (9)}{\Delta x}$$

$$f'(3) = \lim_{\Delta x \to 0} \frac{9 + 6\Delta x + \Delta x^2 - 9}{\Delta x} = \lim_{\Delta x \to 0} \frac{6\Delta x + \Delta x^2}{\Delta x}$$

Podemos colocar Δx em evidência no numerador:

$$f'(3) = \lim_{\Delta x \to 0} \frac{6\Delta x + \Delta x^2}{\Delta x} = \lim_{\Delta x \to 0} \frac{\Delta x (6 + \Delta x)}{\Delta x} = \lim_{\Delta x \to 0} (6 + \Delta x) = 6$$

Assim, sabemos que o coeficiente da reta t tangente à função $y = f(x) = x^2$ em $x_0 = 3$ é $f'(x_0) = f'(3) = 6$.

A imagem de $x_0 = 3$ da função $y = x^2$ é $y_0 = (3)^2 = 9$. Esse ponto $P = (x_0, y_0) = (3, 9)$ também pertence à reta t.

A equação geral da reta t é y=a.x+b, em que a é seu coeficiente angular e b é seu coeficiente linear. Já vimos que a=6 e conhecemos o ponto P=(3,9) dessa reta. Logo:

$$y = ax + b$$

$$9 = 6.3 + b \to 9 = 18 + b \to 9 - 18 = b \to b = -9$$

Concluímos que a equação da reta t é y=6x-9.

Essa reta e o gráfico de $y = x^2$ estão mostrados na figura a seguir.

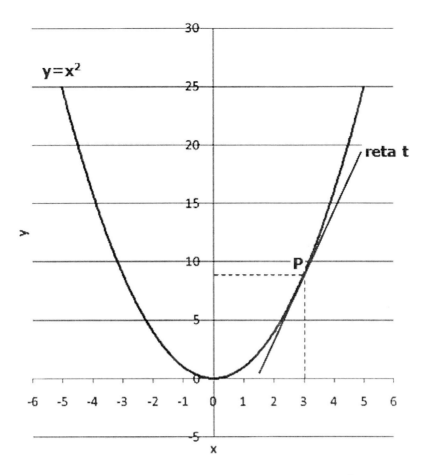

Figura 3.3. Indicação da reta t tangente ao gráfico de $y = x^2$ no ponto P=(3,9).

3.2. CÁLCULOS DE DERIVADAS PELA DEFINIÇÃO

A função derivada de uma função contínua qualquer y=f(x), indicada por $f'(x)$, é definida por:

$$f'(x) = \lim_{\Delta x \to 0} \frac{\Delta y}{\Delta x} = \lim_{\Delta x \to 0} \frac{f(x+\Delta x) - f(x)}{\Delta x}$$

Outros símbolos para a função derivada de y=f(x) são:

$$y' = f'(x) = \frac{dy}{dx} = \frac{df(x)}{dx}$$

Preste atenção!

Os símbolos anteriores são lidos, respectivamente, como "ípsilon linha", "efe linha de x", "dê y dê x" e "dê efe de x dê x".

Vejamos, nos exemplos a seguir, alguns cálculos de derivadas pela definição.

Exemplo 3.1. Derivada de f(x)=k, em que k é uma constante.

Nesse caso, em que tratamos da função constante, temos:

$f(x) = k$

$f(x + \Delta x) = k$

Logo, ficamos com:

$$f'(x) = \lim_{\Delta x \to 0} \frac{f(x + \Delta x) - f(x)}{\Delta x} = \lim_{\Delta x \to 0} \frac{(k) - (k)}{\Delta x} = \lim_{\Delta x \to 0} 0 = 0$$

Concluímos que a derivada de $f(x) = k$ é $f'(x) = 0$.

Exemplo 3.2. Derivada de f(x)=ax+b.

Nesse caso, em que tratamos da função do 1º grau, temos:

$f(x) = ax + b$

$f(x + \Delta x) = a(x + \Delta x) + b = ax + a\Delta x + b$

Logo, ficamos com:

$$f'(x) = \lim_{\Delta x \to 0} \frac{f(x + \Delta x) - f(x)}{\Delta x} = \lim_{\Delta x \to 0} \frac{(ax + a\Delta x + b) - (ax + b)}{\Delta x}$$

$$f'(x) = \lim_{\Delta x \to 0} \frac{ax + a\Delta x + b - ax - b}{\Delta x} = \lim_{\Delta x \to 0} \frac{a\Delta x}{\Delta x} = \lim_{\Delta x \to 0} a = a$$

Concluímos que a derivada de $f(x) = ax + b$ é $f'(x) = a$.

Exemplo 3.3. Derivada de $f(x) = x^2$.

Nesse caso, temos:

$$f(x) = x^2$$

$$f(x + \Delta x) = (x + \Delta x)^2 = x^2 + 2x\Delta x + \Delta x^2$$

Logo, ficamos com:

$$f'(x) = \lim_{\Delta x \to 0} \frac{f(x + \Delta x) - f(x)}{\Delta x} = \lim_{\Delta x \to 0} \frac{(x^2 + 2x\Delta x + \Delta x^2) - (x^2)}{\Delta x}$$

$$f'(x) = \lim_{\Delta x \to 0} \frac{x^2 + 2x\Delta x + \Delta x^2 - x^2}{\Delta x} = \lim_{\Delta x \to 0} \frac{2x\Delta x + \Delta x^2}{\Delta x}$$

Podemos colocar Δx em evidência no numerador:

$$f'(x) = \lim_{\Delta x \to 0} \frac{2x\Delta x + \Delta x^2}{\Delta x} = \lim_{\Delta x \to 0} \frac{\Delta x(2x + \Delta x)}{\Delta x} = \lim_{\Delta x \to 0} 2x + \Delta x = 2x$$

Concluímos que a derivada de $f(x) = x^2$ é $f'(x) = 2x$.

Exemplo 3.4. Derivada de $f(x) = 1/x$.

Nesse caso, temos:

$$f(x) = \frac{1}{x}$$

$$f(x + \Delta x) = \frac{1}{x + \Delta x}$$

Logo, ficamos com:

$$f'(x) = \lim_{\Delta x \to 0} \frac{f(x + \Delta x) - f(x)}{\Delta x} = \lim_{\Delta x \to 0} \frac{\frac{1}{x + \Delta x} - \frac{1}{x}}{\Delta x} = \lim_{\Delta x \to 0} \frac{\frac{x - (x + \Delta x)}{(x + \Delta x)x}}{\Delta x}$$

$$f'(x) = \lim_{\Delta x \to 0} \frac{\frac{x-x-\Delta x}{(x+\Delta x)x}}{\Delta x} = \lim_{\Delta x \to 0} \frac{\frac{-\Delta x}{(x+\Delta x)x}}{\Delta x} = \lim_{\Delta x \to 0} \frac{-\Delta x}{(x+\Delta x)x} \cdot \frac{1}{\Delta x} = \lim_{\Delta x \to 0} \frac{-1}{(x+\Delta x)x} = \frac{-1}{x^2}$$

Concluímos que a derivada de $f(x) = \frac{1}{x}$ é $f'(x) = \frac{-1}{x^2}$.

3.3. REGRAS DE DERIVAÇÃO

Se aplicarmos a definição de derivadas às principais funções simples de uma variável, obteremos a tabela de derivadas a seguir, em que k e n são constantes.

Tabela 3.1. Tabela de derivadas de funções simples.

$(k)' = \frac{dk}{dx} = 0$
$(x)' = \frac{dx}{dx} = 1$
$(x^n)' = \frac{dx^n}{dx} = nx^{n-1}$
$(e^x)' = \frac{de^x}{dx} = e^x$
$(senx)' = \frac{dsenx}{dx} = \cos x$
$(\cos x)' = \frac{d\cos x}{dx} = -senx$
$(tgx)' = \frac{dtgx}{dx} = \sec^2 x$
$(\cot gx)' = \frac{d\cot gx}{dx} = -\cos\sec^2 x$
$(\sec x)' = \frac{d\sec x}{dx} = \sec x.tgx$
$(\cos\sec x)' = \frac{d\cos\sec x}{dx} = -\cos\sec x.\cot gx$

$(\arcsen x)' = \dfrac{d(\arcsen x)}{dx} = \dfrac{1}{\sqrt{1-x^2}}$
$(\arccos x)' = \dfrac{d(\arccos x)}{dx} = \dfrac{-1}{\sqrt{1-x^2}}$
$(\arctg x)' = \dfrac{d(\arctg x)}{dx} = \dfrac{1}{1+x^2}$
$(\ln x)' = \dfrac{d(\ln x)}{dx} = \dfrac{1}{x}$
$(a^x)' = \dfrac{d(a^x)}{dx} = a^x \cdot \ln a$
$(\log_a x)' = \dfrac{d(\log_a x)}{dx} = \dfrac{1}{x \ln a}$

Preste atenção!

Na tabela de derivadas, temos o seguinte:

- e^x é a exponencial de base e;
- senx é o seno de x;
- cosx é o cosseno de x;
- tgx é a tangente de x, dada por sen x/cos x;
- cotgx é a cotangente de x, dada por 1/tgx ou por cos x/sen x;
- secx é a secante de x, dada por 1/cosx;
- cossecx é a cosecante de x, dada por 1/senx;
- arcsenx é o arcoseno de x, ou seja, o arco (ângulo) cujo seno é x;
- arccosx é o arcocosseno de x, ou seja, o arco (ângulo) cujo cosseno é x;
- arctgx é o arcotangente de x, ou seja, o arco (ângulo) cuja tangente é x;
- lnx é o logaritmo de x na base e.

Pela tabela, da regra $(x^n)' = nx^{n-1}$, vemos que, por exemplo:

- a derivada de x^2 é $2x^{2-1} = 2x$;
- a derivada de x^3 é $3x^{3-1} = 3x^2$;
- a derivada de x^4 é $4x^{4-1} = 4x^3$;

- a derivada de x^5 é $5x^{5-1} = 5x^4$;

- a derivada de x^{-2} é $-2x^{-2-1} = -2x^{-3}$;

- a derivada de x^{-3} é $-3x^{-3-1} = -3x^{-4}$;

- a derivada de x^{-4} é $-4x^{-4-1} = -4x^{-5}$.

3.4. OPERAÇÕES ALGÉBRICAS COM DERIVADAS

Para apresentarmos as operações algébricas com derivadas, vamos considerar o que segue.

- $f(x)$ é uma função contínua e derivável da variável x.

- $g(x)$ é uma função contínua e derivável da variável x, com $g(x) \neq 0$.

- $f'(x) = \dfrac{d(f(x))}{dx}$ é a derivada da função $f(x)$ em relação à variável x.

- $g'(x) = \dfrac{d(g(x))}{dx}$ é a derivada da função $g(x)$ em relação à variável x.

- k é uma constante.

Isso posto, valem as operações algébricas O1, O2, O3 e O4 expostas a seguir.

O1. $(f(x) \pm g(x))' = f'(x) \pm g'(x)$

De acordo com a operação O1, a derivada da soma (ou da subtração) de duas funções é igual à soma (ou à subtração) das derivadas das funções. Vejamos um exemplo.

$(x^7 - x^9)' = (x^7)' - (x^9)' = 7x^{7-1} - 9x^{9-1} = 7x^6 - 9x^8$

No exemplo, tivemos $f(x) = x^7$ e $g(x) = x^9$.

O1 também pode ser dada por:

$\dfrac{d(f(x) \pm g(x))}{dx} = \dfrac{df(x)}{dx} \pm \dfrac{dg(x)}{dx}$

O2. $(kf(x))' = kf'(x)$

De acordo com a operação O2, a derivada da multiplicação de uma constante k por uma função é igual ao produto da constante k pela derivada da função. Vejamos um exemplo.

$(37\cos x)' = 37(\cos x)' = 37(-senx) = -37senx$

No exemplo, tivemos k=37 e f(x)=cosx.

O2 também pode ser dada por:

$$\frac{d(kf(x))}{dx} = k\frac{df(x)}{dx}$$

O3. $(f(x) \cdot g(x))' = f'(x) \cdot g(x) + f(x) \cdot g'(x)$

De acordo com a operação O3, a derivada da multiplicação de duas funções é igual à soma da derivada da primeira função multiplicada pela segunda função com a primeira função multiplicada pela derivada da segunda função. Vejamos um exemplo.

$(x^3 senx)' = (x^3)' senx + x^3 (senx)' = (3x^{3-1}) senx + x^3 (\cos x) = 3x^2 senx + x^3 \cos x$

No exemplo, tivemos $f(x) = x^3$ e g(x)=senx.

O3 também pode ser dada por:

$$\frac{d(f(x)g(x))}{dx} = \frac{df(x)}{dx}g(x) + f(x)\frac{dg(x)}{dx}$$

O4. $\left(\dfrac{f(x)}{g(x)}\right)' = \dfrac{f'(x) \cdot g(x) - f(x) \cdot g'(x)}{(g(x))^2}$

De acordo com a operação O2, a derivada da divisão de duas funções é igual à diferença (subtração) entre a derivada da função do numerador multiplicada pela função do denominador e a função do numerador multiplicada pela derivada da função do denominador, dividindo-se essa subtração pela função do denominador elevada ao quadrado. Vale destacar que a função do denominador deve ser diferente de zero. Vejamos um exemplo.

$$\left(\frac{x^3}{senx}\right)' = \frac{(x^3)' senx - x^3 (senx)'}{(senx)^2} = \frac{(3x^{3-1})senx - x^3(\cos x)}{(senx)^2} = \frac{3x^2 senx - x^3 \cos x}{sen^2 x}$$

No exemplo, tivemos $f(x) = x^3$ e g(x)=senx.

O4 também pode ser dada por:

$$\frac{d(f(x)g(x))}{dx} = \frac{\frac{df(x)}{dx}g(x) - f(x)\frac{dg(x)}{dx}}{(g(x))^2}$$

Para fixarmos o que vimos, vamos estudar os exemplos a seguir.

Exemplo 3.5. Derive $y = 0,76x^{12}$.

Vamos fazer a seguinte derivada:

$$y' = \left(0,76x^{12}\right)' = 0,76.12x^{12-1} = 9,12x^{11}$$

Veja que também poderíamos ter escrito:

$$y' = \frac{dy}{dx} = \frac{d\left(0,76x^{12}\right)}{dx} = \left(0,76x^{12}\right)' = 0,76.12x^{12-1} = 9,12x^{11}$$

Exemplo 3.6. Derive $y = \dfrac{3}{x^8}$.

Vamos fazer a seguinte derivada:

$$y' = \left(\frac{3}{x^8}\right)' = 3\left(\frac{1}{x^8}\right)'$$

Como $\dfrac{1}{a^b} = a^{-b}$, se fizermos a=x e b=8, podemos escrever $\dfrac{1}{x^8}$ como x^{-8}. Logo:

$$y' = \left(\frac{3}{x^8}\right)' = 3(x^{-8})' = 3(-8x^{-8-1}) = -24x^{-9} = \frac{-24}{x^9}$$

Exemplo 3.7. Derive $y = 56x^6 + \dfrac{7}{x^7} + 2e^x + 5\cos x$.

Vamos fazer a seguinte derivada:

$$y' = \left(56x^6 + \frac{7}{x^7} + 2e^x + 5\cos x\right)' = 56\left(x^6\right)' + 7\left(\frac{1}{x^7}\right)' + 2\left(e^x\right)' + 5\left(\cos x\right)'$$

Como $\dfrac{1}{a^b} = a^{-b}$, se fizermos a=x e b=7, podemos escrever $\dfrac{1}{x^7}$ como x^{-7}. Logo:

$$y' = 56(x^6)' + 7(x^{-7})' + 2(e^x)' + 5(\cos x)'$$

$$y' = 56(6x^5) + 7.(-7)x^{-8} + 2(e^x) + 5(-senx) = 336x^5 - \dfrac{49}{x^8} + 2e^x - 5senx$$

Exemplo 3.8. Derive $y = x^{11}(x^3 + \cos x)$.

Vamos fazer a seguinte derivada:

$$y' = \left(x^{11}(x^3 + \cos x)\right)'$$

Utilizamos a operação O3, pois temos uma multiplicação de duas funções:

$$(f(x)g(x))' = f'(x) \cdot g(x) + f(x) \cdot g'(x)$$

Fazemos $f(x) = x^{11}$ e $g(x) = x^3 + \cos x$ e ficamos com:

$$y' = (x^{11})'(x^3 + \cos x) + x^{11}(x^3 + \cos x)'$$

$$y' = 11x^{10}(x^3 + \cos x) + x^{11}(3x^2 + (-senx))$$

$$y' = 11x^{10}(x^3 + \cos x) + x^{11}(3x^2 - senx)$$

A derivação está terminada, mas podemos colocar x^{10} em evidência:

$$y' = x^{10}\left(11(x^3 + \cos x) + x(3x^2 - senx)\right)$$

$$y' = x^{10}\left(11x^3 + 11\cos x + 3x^3 - xsenx\right)$$

$$y' = x^{10}\left(14x^3 + 11\cos x - xsenx\right)$$

Exemplo 3.9. Derive $y = \dfrac{x^6}{14 + e^x}$.

Vamos fazer a seguinte derivada:

$$y' = \left(\dfrac{x^6}{14 + e^x}\right)'$$

Utilizamos a operação O4, pois temos a divisão de duas funções:

$$\left(\frac{f(x)}{g(x)}\right)' = \frac{f'(x) \cdot g(x) - f(x) \cdot g'(x)}{(g(x))^2}$$

Fazemos $f(x) = x^6$ e $g(x) = 14 + e^x$ e ficamos com:

$$y' = \frac{(x^6)'(14+e^x) - x^6(14+e^x)'}{(14+e^x)^2}$$

$$y' = \frac{6x^5(14+e^x) - x^6(0+e^x)}{(14+e^x)^2} = \frac{6x^5(14+e^x) - x^6 e^x}{(14+e^x)^2}$$

Preste atenção!

Conforme mostrado na tabela 3, a derivada da constante é 0 (logo, a derivada de 14 é 0) e a derivada da exponencial de base e é a própria exponencial de base e.

A derivação está terminada, mas podemos colocar x^5 em evidência:

$$y' = \frac{x^5(6(14+e^x) - xe^x)}{(14+e^x)^2} = \frac{x^5(84 + 6e^x - xe^x)}{(14+e^x)^2} = \frac{x^5(84 + e^x(6-x))}{(14+e^x)^2}$$

Exemplo 3.10. Determine a equação da reta t tangente ao gráfico da função modular $y = f(x) = |x|$ no ponto $P = (x_0, f(x_0)) = (0,0)$.

Vamos analisar, na figura a seguir, o gráfico da função modular $y = f(x) = |x|$ no ponto $P = (x_0, f(x_0)) = (0,0)$.

Capítulo 3 - Derivadas • 95

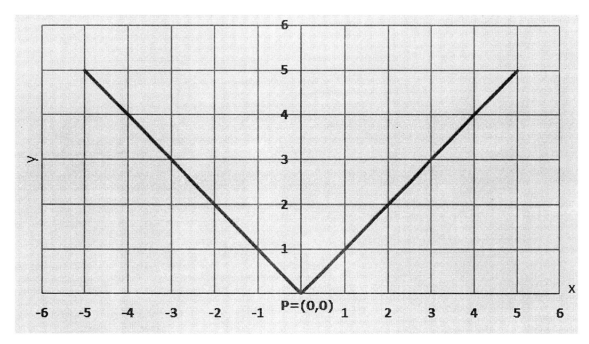

Figura 3.4. Gráfico de $y = |x|$, com destaque para o ponto $P = (0,0)$.

Veja que não há como esboçarmos a reta tangente ao gráfico de $y = |x|$ em $P = (0,0)$, pois:
- pelo lado esquerdo do ponto P, o gráfico é uma reta inclinada para a esquerda;
- pelo lado direito do ponto P, o gráfico é uma reta inclinada para a direita.

Logo, não há reta tangente ao gráfico de $y = |x|$ em $P = (0,0)$.

Preste atenção!

Não há reta tangente (não há derivada) no ponto em que o gráfico de uma função apresente "bico", como no caso que acabamos de estudar.

3.5. TAXAS DE VARIAÇÃO

A taxa média de variação da função contínua $y = f(x)$ entre seus pontos $P = (x_0, f(x_0))$ e $Q = (x_Q, f(x_Q))$ é dada a seguir.

$$\text{Taxa média de variação de f(x)} = \frac{f(x_Q) - f(x_0)}{x_Q - x_0}$$

A taxa média de variação é o coeficiente angular da reta secante (reta s) que passa pelos pontos $P=(x_0, f(x_0))$ e $Q=(x_Q, f(x_Q))$ mostrada na figura seguir.

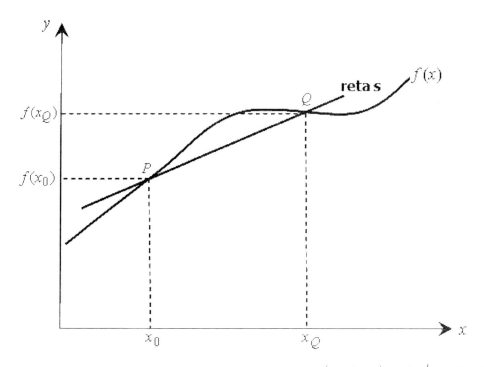

Figura 3.5. Gráfico de y =f(x), reta s e pontos $P=(x_0, f(x_0))$ e $Q=(x_Q, f(x_Q))$.

Na figura a seguir, temos os destaques das diferenças $f(x_Q)-f(x_0)$ e x_Q-x_0, cujo quociente $\dfrac{f(x_Q)-f(x_0)}{x_Q-x_0}$ fornece a taxa média de variação da função contínua y=f(x) entre $P=(x_0, f(x_0))$ e $Q=(x_Q, f(x_Q))$

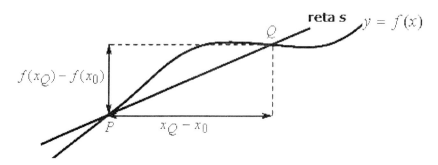

Figura 3.6. Destaques dos gráficos de y=f(x) e da reta s e das diferenças $f(x_Q)-f(x_0)$ e x_Q-x_0.

A taxa de variação instantânea de uma função y=f(x) contínua e derivável em $P=(x_0,f(x_0))$ é o coeficiente angular da reta t tangente ao gráfico de $y=f(x)$ em $P=(x_0,f(x_0))$, conforme ilustrado na figura a seguir.

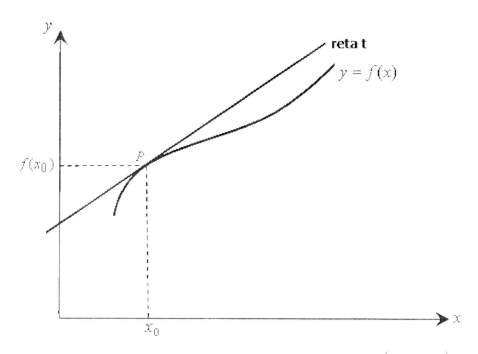

Figura 3.7. Gráfico de y=f(x), reta t e ponto $P=(x_0,f(x_0))$.

Como a derivada de $y=f(x)$ em $P=(x_0,y_0)$, indicada por $f'(x_0) = \dfrac{dy}{dx}\bigg|_{x_0} = \dfrac{df(x)}{dx}\bigg|_{x_0}$, é o coeficiente angular da reta t tangente ao gráfico de $y=f(x)$ no ponto $P=(x_0,y_0)$, a taxa de variação instantânea de $y=f(x)$ em (x_0,y_0) é:

Taxa de variação instantânea de y=f(x) em $x_0 = f'(x_0) = \dfrac{dy}{dx}\bigg|_{x_0} = \dfrac{df(x)}{dx}\bigg|_{x_0}$

Para aplicarmos o que foi dito, vamos fazer os exemplos a seguir.

Exemplo 3.11. A equação do espaço S (em mm) de um corpo que se move em linha reta função do tempo t (em s), sendo $t \geq 0$, é: $S = S(t) = -t^3 + 5t^2 + 7t + 16$.

Sabendo que a velocidade v do corpo em função do tempo t é a taxa de variação da posição do corpo com o tempo t, determine:

a. a equação da velocidade v do corpo em função do tempo t, ou seja, v=v(t);
b. a velocidade do corpo no instante 60 segundos.

Item a.

A equação da velocidade v do corpo em função do tempo t é a taxa de variação da posição $S = S(t)$ do corpo com o tempo t. Logo, $v = v(t)$ é a derivada de $S = S(t)$ em relação à variável t:

$$v = S'(t) = \frac{dS}{dt}$$

$$v = \left(-t^3 + 5t^2 + 7t + 16\right)' = \frac{d\left(-t^3 + 5t^2 + 7t + 16\right)}{dt} = -(3t^2) + 5(2t) + 7(1) + (0)$$

$$v = v(t) = -3t^2 + 10t + 7$$

Item b.

Para determinarmos a velocidade do corpo no instante 60s, substituímos t por 60 em $v = v(t) = -3t^2 + 10t + 7$:

$$v(60) = -3(60)^2 + 10(60) + 7 = -10.193 \; mm/s$$

Exemplo 3.12. Suponha que, em determinada comunidade atingida pela epidemia de certa doença infecciosa, o número N de pessoas afetadas em função do tempo t (em dias medido a partir do primeiro dia de epidemia) é $N = N(t) = -0,25t^3 + 36t$. Determine:

a. o número de pessoas afetadas no terceiro dia;
b. a taxa de variação do número N de pessoas afetadas em relação ao tempo t;
c. a taxa de variação do número N de pessoas afetadas no sexto dia;
d. a taxa de variação do número N de pessoas afetadas no décimo dia;
e. o gráfico do número N de pessoas afetadas em função do tempo t.

Item a.

Para acharmos o número N(3) de pessoas afetadas no terceiro dia, substituímos t por 3 na equação dada, ou seja, em $N = N(t) = -0,25t^3 + 36t$. Vejamos.

$N(3) = -0,25(3)^3 + 36(3)$

$N(3) = -0,25(27) + 108 = -6,75 + 108 = 101,25 \cong 101$

Como a quantidade de pessoas afetadas é um número inteiro, aproximamos 101,25 para 101. Logo, no terceiro dia, temos 101 pessoas afetadas pela epidemia.

Item b.

Para acharmos a taxa de variação do número de pessoas afetadas pela epidemia com o tempo, fazemos a derivada de $N = N(t) = -0,25t^3 + 36t$ em função do tempo t.

$$N'(t) = \frac{dN(t)}{dt} = \frac{d(-0,25t^3 + 36t)}{dt} = \left(-0,25t^3 + 36t\right)'$$

$$N'(t) = \left(-0,25t^3\right)' + \left(36t\right)' = -0,25\left(t^3\right)' + 36\left(t\right)' = -0,25\left(3t^2\right) + 36(1)$$

$$N'(t) = -0,75t^2 + 36$$

Item c.

Para acharmos a taxa de variação do número de pessoas afetadas pela epidemia no sexto dia, substituímos t por 6 em $N'(t) = -0,75t^2 + 36$. Vejamos.

$$N'(6) = \left.\frac{dN}{dt}\right|_{t=6} = -0,75(6)^2 + 36 = -27 + 36 = 9 \; pessoas/dia$$

Vemos que, no sexto dia, o número de pessoas infectadas está aumentando com o tempo à taxa de 9 pessoas/dia.

Item d.

Para acharmos a taxa de variação do número de pessoas afetadas pela epidemia no décimo dia, substituímos t por 10 em $N'(t) = -0,75t^2 + 36$. Vejamos.

$$N'(10) = \left.\frac{dN}{dt}\right|_{t=10} = -0,75(10)^2 + 36 = -75 + 36 = -39 \text{ pessoas / dia}$$

Vemos que, no sexto dia, o número de pessoas infectadas está diminuindo com o tempo à taxa de 39 pessoas/dia. Vale destacar que o sinal negativo da derivada indica que, no instante em análise, há decréscimo da quantidade de pessoas afetadas com o tempo.

Item e.

Na figura a seguir, temos o gráfico do número N de pessoas afetadas em função do tempo t.

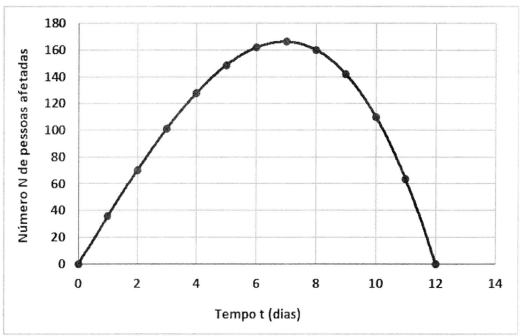

Figura 3.8. Gráfico do número de pessoas afetadas com o tempo.

Pelo gráfico, observamos que o número de pessoas afetadas diariamente aumenta até o sétimo dia e, depois disso, diminui com o tempo. No décimo segundo dia, não há mais pessoas infectadas.

3.6. DERIVADAS DE ORDENS SUPERIORES

Imagine que y=f(x) e que sua derivada de primeira ordem, indicada por $y' = f'(x) = \dfrac{dy}{dx} = \dfrac{df(x)}{dx}$, sejam deriváveis. A derivada de segunda ordem de y=f(x) é indicada por:

$$y'' = f''(x) = \frac{d^2 y}{dx^2} = \frac{d^2 f(x)}{dx^2}$$

Preste atenção!

Na indicação derivada de segunda ordem de y=f(x), $\dfrac{d^2 y}{dx^2}$ e $\dfrac{d^2 f(x)}{dx^2}$ não são quocientes formados por elementos ao quadrado.

Se y=f(x), sua derivada de primeira ordem $y' = f'(x) = \dfrac{dy}{dx} = \dfrac{df(x)}{dx}$ e sua derivada de segunda ordem $y'' = f''(x) = \dfrac{d^2 y}{dx^2} = \dfrac{d^2 f(x)}{dx^2}$ são deriváveis, então a derivada de terceira ordem de y=f(x) é indicada por:

$$y''' = f'''(x) = \frac{d^3 y}{dx^3} = \frac{d^3 f(x)}{dx^3}$$

De modo geral, se existir, a derivada de ordem n de y=f(x) é indicada por:

$$y^{(n)} = f^{(n)}(x) = \frac{d^n y}{dx^n} = \frac{d^n f(x)}{dx^n}$$

Vejamos um exemplo: vamos determinar as derivadas de primeira ordem, de segunda ordem e de terceira ordem da função $y = x^7 + sen x$.

Derivada de primeira ordem.

$$y' = \frac{d(x^7 + senx)}{dx} = (x^7 + senx)' = (x^7)' + (senx)'$$

$$y' = 7x^6 + \cos x$$

Derivada de segunda ordem.

$$y'' = \frac{d(7x^6 + \cos x)}{dx} = (7x^6 + \cos x)' = 7(x^6)' + (\cos x)'$$

$$y'' = 7(6x^5) + (-senx)$$

$$y'' = 42x^5 - senx$$

Derivada de terceira ordem.

$$y''' = \frac{d(42x^5 - senx)}{dx} = (42x^5 - senx)' = 42(x^5)' - (senx)'$$

$$y''' = 42(5x^4) - (\cos x)$$

$$y''' = 210x^4 - (\cos x)$$

$$y''' = 210x^4 - \cos x$$

3.7. RESUMO

Começamos o capítulo 3 abordando o conceito e a interpretação geométrica de derivada.

Vimos que a taxa média de variação da função y=f(x) no intervalo $[x_0, x_0 + \Delta x]$ contido em seu domínio é dada pelo seguinte quociente:

$$\frac{\Delta y}{\Delta x} = \frac{f(x_0 + \Delta x) - f(x_0)}{\Delta x}$$

Mostramos que a taxa instantânea de variação da função y=f(x) em x₀, que é o coeficiente angular da reta t, indicada por $f'(x_0)$ e chamada de derivada de y=f(x) em x₀, é dada por:

$$f'(x_0) = \frac{df}{dx}\bigg|_{x_0} = \frac{dy}{dx}\bigg|_{x_0} = \lim_{\Delta x \to 0} \frac{\Delta y}{\Delta x} = \lim_{\Delta x \to 0} \frac{f(x_0 + \Delta x) - f(x_0)}{\Delta x}$$

Consideramos uma função $y = f(x)$ contínua no intervalo I. A derivada de $y = f(x)$ no ponto $P = (x_0, y_0)$, indicada por $y'_o = f'(x_o)$ ou $y'_o = \frac{dy}{dx}\bigg|_{x_0} = \frac{df}{dx}\bigg|_{x_0}$, é o coeficiente angular da reta tangente (reta t) ao gráfico de $y = f(x)$ no ponto $P = (x_0, y_0)$. Esse coeficiente angular é a tangente do ângulo α representado na figura a seguir.

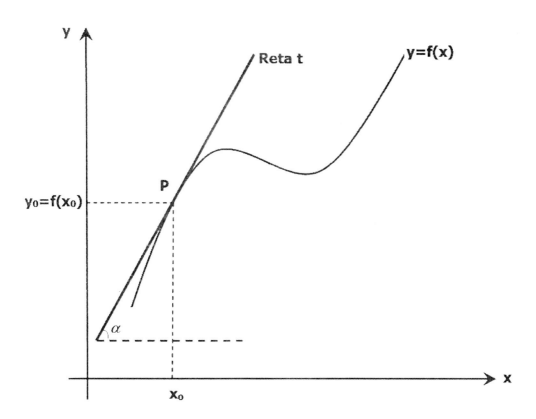

Figura 3.9. A derivada de $y = f(x)$ no ponto $P = (x_0, y_0)$ é o coeficiente angular da reta tangente (reta t) ao gráfico de $y = f(x)$ no ponto P.

Dissemos que podemos escrever:

$$y'_o = f'(x_o) = tg\alpha \quad \text{ou} \quad y'_o = \left.\frac{dy}{dx}\right|_{x_0} = \left.\frac{df}{dx}\right|_{x_0} = tg\alpha$$

Definimos a função derivada de uma função contínua qualquer y=f(x), indicada por $f'(x)$, por:

$$f'(x) = y' = \frac{dy}{dx} = \frac{df(x)}{dx} = \lim_{\Delta x \to 0} \frac{\Delta y}{\Delta x} = \lim_{\Delta x \to 0} \frac{f(x+\Delta x) - f(x)}{\Delta x}$$

Prosseguimos com a apresentação das regras de derivação (derivada da função constante, derivada da função polinomial, derivada da função seno, derivada da função cosseno, derivada da função exponencial e derivada da função logarítmica) e das operações algébricas com derivadas.

Fizemos exemplos envolvendo taxas instantâneas de variação e derivadas de ordens superiores.

Ensinamos como são calculadas as derivadas de ordens superiores.

3.8. EXERCÍCIOS PROPOSTOS

Exercício 3.1. Use a definição de derivada para derivar f(x)=-8x+14.

Exercício 3.2. Use a definição de derivada para derivar $f(x) = x^2 + 7$.

Exercício 3.3. Use a definição de derivada para derivar $f(x) = \frac{5}{x}$.

Exercício 3.4. Determine a reta tangente ao gráfico de $f(x) = x^3 + 2x$ no ponto de abscissa $x_0 = -1$.

Exercício 3.5. Determine a reta tangente ao gráfico de $f(x) = \dfrac{1}{x^2}$ no ponto de abscissa $x_0 = 1$.

Exercício 3.6. Determine a derivada de 2ª ordem de $y = \dfrac{12}{x^7}$.

Exercício 3.7. Derive $y = 23x^8 - \dfrac{3}{x^4} - 8e^x + 12\,senx$.

Exercício 3.8. Determine a derivada de 2ª ordem de $y = x^6\left(2x^4 + 5\cos x\right)$.

Exercício 3.9. Derive $y = \dfrac{x^3 - senx}{2 + e^x}$.

Exercício 3.10. A equação que relaciona o espaço S (em cm) e o tempo t (em s) de uma partícula em movimento é $S(t) = -3t^2 + 5t + 7$. Determine a equação da velocidade v (em cm/s) dessa partícula em função do tempo t (em s).

3.9. RESPOSTAS DOS EXERCÍCIOS PROPOSTOS

Exercício 3.1. $f'(x) = \dfrac{dy}{dx} = -8$.

Exercício 3.2. $f'(x) = \dfrac{dy}{dx} = 2x$.

Exercício 3.3. $f'(x) = \dfrac{dy}{dx} = \dfrac{-5}{x^2}$.

Exercício 3.4. $y = 5x + 2$.

Exercício 3.5. $y = -2x + 3$.

Exercício 3.6. $f''(x) = \dfrac{d^2y}{dx^2} = \dfrac{672}{x^9}$.

Exercício 3.7. $y' = f'(x) = 184x^7 + \dfrac{12}{x^5} - 8e^x - 12\cos x$.

Exercício 3.8. $y' = f'(x) = 180x^8 - 5x^6 \cos x^5 - 60x^5 \operatorname{sen} x + 150x^4 \cos x$.

Exercício 3.9. $y' = f'(x) = \dfrac{2(3x^2 - \cos x) + e^x(-x^3 + 3x^2 - \cos x + \operatorname{sen} x)}{(2 + e^x)^2}$

Exercício 3.10. v(t)=-6t+5.

CAPÍTULO 4. DERIVADAS DE FUNÇÕES COMPOSTAS

4.1. NOÇÕES GERAIS SOBRE FUNÇÃO COMPOSTA

Imagine duas funções f(x) e g(x), sendo que f: A → B e g: B → C. Ou seja, temos que:
- o domínio de f(x) é A;
- o contradomínio de f(x) é B;
- o domínio de g(x) é B;
- o contradomínio de g(x) é C.

A função h(x) composta de f com g é representada por h(x)=f(g(x)), lida como f de g de x", ou por fog(x), lida como "f bola g de x".

Logo, a função h(x) é dada por: h: A → C. Ou seja, temos que:
- o domínio de h(x) é A;
- o contradomínio de h(x) é C.

Vemos que h(x)=f(g(x)) relaciona cada elemento do domínio A da função f com um único elemento do contradomínio C da função g.

Vamos fazer um exemplo: dadas as funções $f(x)=7x^5$ e g(x)=8x-13, determine f(g(x)) e g(f(x)).

Nesse exemplo, temos f: R → R e g: R → R, sendo R é o conjunto dos números reais.

Logo, ficamos com o que segue.

$$f(g(x)) = f(8x-13) = 7(8x-13)^5$$

$$g(f(x)) = g(7x^5) = 8(7x^5) - 13 = 56x^5 - 13$$

4.2. REGRA DA CADEIA

Usamos a regra da cadeia para calcular a derivada de funções compostas. Segundo essa regra, se y é uma função de u (y=y(u)) e se u é uma função de x (u=u(x)), então:

$$\frac{dy}{dx} = \frac{du}{dx} \cdot \frac{dy}{du}$$

OU

$$y'(x) = u'(x) \cdot y'(u)$$

Se k e n são constantes e se u=u(x) é uma função da variável x, as derivadas das principais funções compostas são apresentadas a seguir.

Tabela 4.1. Derivadas das principais funções compostas

$(u^n)' = nu'u^{n-1}$
$(\sqrt{u})' = \dfrac{u'}{2\sqrt{u}}$
$(e^u)' = u'e^u$
$(sen\,u)' = u'\cos u$
$(\cos u)' = -u'\,sen\,u$
$(tg\,u)' = u'\sec^2 u$
$(\cot g\,u)' = -u'\cossec^2 u$
$(\sec u)' = u'\sec u.tg\,u$
$(\cos\sec u)' = -u'\cos\sec u.\cot g\,u$
$(arc\,sen\,u)' = \dfrac{u'}{\sqrt{1-u^2}}$
$(arc\cos u)' = \dfrac{-u'}{\sqrt{1-u^2}}$

$$(arctg\, u)' = \frac{u'}{1+u^2}$$

$$(\ln u)' = \frac{u'}{u}$$

$$(a^u)' = u'\, a^u \ln a$$

$$(\log_a u)' = \frac{u'}{u \ln a}$$

Para fixarmos o que vimos, vamos estudar os exemplos a seguir.

Exemplo 4.1. Derive $y = sen\left(x^5 + 8x\right)$.

Vamos fazer a seguinte derivada:

$$y' = \left(sen\left(x^5 + 8x\right)\right)'$$

Se fizermos $u = \left(x^5 + 8x\right)$, ficaremos com:

$$\left(sen\left(x^5 + 8x\right)\right)' = (sen\, u)' = u' \cos u$$

Agora, voltamos com a variável x:

$$\left(sen\left(x^5 + 8x\right)\right)' = (sen\, u)' = u' \cos u = \left(x^5 + 8x\right)' \cos\left(x^5 + 8x\right)$$

Sabemos que a derivada de $x^5 + 8x$ em relação à variável x é:

$$\left(x^5 + 8x\right)' = \left(x^5\right)' + 8(x)' = 5x^{5-1} + 8(1) = 5x^4 + 8$$

Logo, chegamos a:

$$\left(sen\left(x^5 + 8x\right)\right)' = (sen\, u)' = u' \cos u = \left(x^5 + 8x\right)' \cos\left(x^5 + 8x\right) = \left(5x^4 + 8\right)\cos\left(x^5 + 8x\right)$$

Exemplo 4.2. Derive $y = e^{\left(sen\, x + 8x^3\right)}$.

Vamos fazer a seguinte derivada:

$$y' = \left(e^{\left(sen\, x + 8x^3\right)}\right)'$$

Se fizermos $u = (senx + 8x^3)$, ficaremos com:

$$y' = \left(e^{(senx+8x^3)}\right)' = (e^u)' = u' e^u$$

Agora, voltamos com a variável x:

$$y' = \left(e^{(senx+8x^3)}\right)' = (e^u)' = u' e^u = (senx + 8x^3)' e^{(senx+8x^3)}$$

Sabemos que a derivada de $senx + 8x^3$ em relação à variável x é:

$$(senx + 8x^3)' = (senx)' + 8(x^3)' = \cos x + 8(3x^2) = \cos x + 24x^2$$

Logo, chegamos a:

$$y' = \left(e^{(senx+8x^3)}\right)' = (e^u)' = u' e^u = (senx + 8x^3)' e^{(senx+8x^3)} = (\cos x + 24x^2) e^{(senx+8x^3)}$$

Exemplo 4.3. Derive $f(x) = (\cos x^3 - x^4)^{15}$.

Vamos fazer a seguinte derivada:

$$y' = \left((\cos x^3 - x^4)^{15}\right)'$$

Se fizermos $u = (\cos x^3 - x^4)$, ficaremos com:

$$y' = \left((\cos x^3 - x^4)^{15}\right)' = (u^{15})' = 15 u' u^{15-1} = 15 u' u^{14}$$

Agora, voltamos com a variável x:

$$y' = \left((\cos x^3 - x^4)^{15}\right)' = (u^{15})' = 15 u' u^{15-1} = 15 u' u^{14} = 15(\cos x^3 - x^4)'(\cos x^3 - x^4)^{14}$$

Sabemos que a derivada de $\cos x^3 - x^4$ em relação à variável x é:
$$(\cos x^3 - x^4)' = (\cos x^3)' - (x^4)' = -(x^3)' senx^3 - 4x^{4-1} = -3x^2 senx^3 - 4x^3$$

Logo, chegamos a:

$$y' = \left((\cos x^3 - x^4)^{15}\right)' = (u^{15})' = 15 u' u^{14} = 15(-3x^2 senx^3 - 4x^3)(\cos x^3 - x^4)^{14}$$

Exemplo 4.4. Derive $y = \ln(12x^2 + 9x^4)$.

Vamos fazer a seguinte derivada:

$$y' = \left(\ln(12x^2 + 9x^4)\right)'$$

Se fizermos $u = (12x^2 + 9x^4)$, ficaremos com:

$$y' = \left(\ln(12x^2 + 9x^4)\right)' = (\ln u)' = \frac{u'}{u}$$

Agora, voltamos com a variável x:

$$y' = \left(\ln(12x^2 + 9x^4)\right)' = (\ln u)' = \frac{u'}{u} = \frac{(12x^2 + 9x^4)'}{12x^2 + 9x^4}$$

Sabemos que a derivada de $12x^2 + 9x^4$ em relação à variável x é:

$$(12x^2 + 9x^4)' = 12(x^2)' + 9(x^4)' = 12(2x^{2-1}) + 9(4x^{4-1}) = 24x + 36x^3$$

Logo, chegamos a:

$$y' = \left(\ln(12x^2 + 9x^4)\right)' = (\ln u)' = \frac{u'}{u} = \frac{(12x^2 + 9x^4)'}{12x^2 + 9x^4} = \frac{24x + 36x^3}{12x^2 + 9x^4}$$

Já terminamos a derivação, mas ainda podemos simplificar a fração obtida colocando o número 3 em evidência tanto no numerador quanto no denominador. Vejamos.

$$y' = \left(\ln(12x^2 + 9x^4)\right)' = \frac{24x + 36x^3}{12x^2 + 9x^4} = \frac{3(8x + 12x^3)}{3(4x^2 + 3x^4)}$$

$$y' = \left(\ln(12x^2 + 9x^4)\right)' = \frac{8x + 12x^3}{4x^2 + 3x^4}$$

Também podemos colocar x em evidência tanto no numerador quanto no denominador. Vejamos.

$$y' = \left(\ln(12x^2 + 9x^4)\right)' = \frac{x(8 + 12x^2)}{x(4x + 3x^3)}$$

Desde que x seja diferente de zero (x≠0), podemos fazer:

$$y' = \left(\ln(12x^2 + 9x^4)\right)' = \frac{8 + 12x^2}{4x + 3x^3}$$

Exemplo 4.5. Derive $y = \sqrt[3]{\left(7x + e^{x^5}\right)^2}$

Como $\sqrt[c]{a^b} = a^{\frac{b}{c}}$, se fizermos $a = 7x + e^{x^5}$, b=2 e c=3, poderemos reescrever a função dada:

$$y = \sqrt[3]{\left(7x + e^{x^5}\right)^2} = \left(7x + e^{x^5}\right)^{\frac{2}{3}}$$

Assim, vamos fazer a seguinte derivada:

$$y' = \left(\left(7x + e^{x^5}\right)^{\frac{2}{3}}\right)'$$

Se fizermos $u = \left(7x + e^{x^5}\right)$, ficaremos com:

$$y' = \left(\left(7x + e^{x^5}\right)^{\frac{2}{3}}\right)' = \left(u^{\frac{2}{3}}\right)' = \frac{2}{3}u'u^{\frac{2}{3}-1} = \frac{2}{3}u'u^{\frac{2-3}{3}} = \frac{2}{3}u'u^{-\frac{1}{3}}$$

Agora, voltamos com a variável x:

$$y' = \left(\left(7x + e^{x^5}\right)^{\frac{2}{3}}\right)' = \left(u^{\frac{2}{3}}\right)' = \frac{2}{3}u'u^{\frac{2}{3}-1} = \frac{2}{3}u'u^{\frac{2-3}{3}} = \frac{2}{3}u'u^{-\frac{1}{3}} = \frac{2}{3}(7x + e^{x^5})'(7x + e^{x^5})^{-\frac{1}{3}}$$

Sabemos que a derivada de $7x + e^{x^5}$ em relação à variável x é:

$$\left(7x + e^{x^5}\right)' = 7(x)' + \left(e^{x^5}\right)' = 7(1) + \left(x^5\right)' e^{x^5} = 7 + 5x^4 e^{x^5}$$

Logo, chegamos a:

$$y' = \left(\left(7x + e^{x^5}\right)^{\frac{2}{3}}\right)' = \frac{2}{3}(7x + e^{x^5})'(7x + e^{x^5})^{-\frac{1}{3}} = \frac{2}{3}(7 + 5x^4 e^{x^5})(7x + e^{x^5})^{-\frac{1}{3}}$$

4.3. RESUMO

No capítulo 4, falamos que usamos a regra da cadeia para calcular a derivada de funções compostas. Segundo essa regra, se y é uma função de u (y=y(u)) e se u é uma função de x (u=u(x)), então:

$$\frac{dy}{dx} = \frac{du}{dx}\frac{dy}{du} \quad ou \quad y'(x) = u'(x)y'(u)$$

4.4. EXERCÍCIOS PROPOSTOS

Exercício 4.1. Derive $y = \cos(7x^5 - 3x^3)$.

Exercício 4.2. Derive $y = e^{(12x^5 - e^x)}$.

Exercício 4.3. Derive $f(x) = (senx^7 - 2x^6)^{21}$.

Exercício 4.4. Derive $y = \ln(\cos x^2 + x^3)$.

Exercício 4.5. Derive $y = \sqrt[5]{\left(8x + e^{x^3}\right)^2}$

4.5. RESPOSTAS DOS EXERCÍCIOS PROPOSTOS

Exercício 4.1. $y' = f'(x) = (9x^2 - 35x^4) sen(7x^5 - 3x^3)$

Exercício 4.2. $y' = (60x^4 - e^x) e^{(12x^5 - e^x)}$

Exercício 4.3. $f'(x) = 21x^5 (7x\cos x^7 - 12)(senx^7 - 2x^6)^{20}$

Exercício 4.4. $y' = \dfrac{x(3x - 2senx^2)}{\cos x^2 + x^3}$

Exercício 4.5. Derive $y' = \dfrac{2(8 + 3x^2 e^{x^3})}{5\sqrt[5]{(8x + e^{x^3})^3}}$

CAPÍTULO 5. CÁLCULO DO LIMITE DE QUOCIENTES QUE APRESENTAM INDETERMINAÇÕES PELAS REGRAS DE L'HOPITAL

A seguir, estudaremos as duas regras de L'Hopital usadas para o cálculo de limites indeterminados.

5.1. PRIMEIRA REGRA DE L'HOPITAL

A primeira regra de L'Hopital é usada para o cálculo de limites indeterminados do tipo $\left[\dfrac{0}{0}\right]$.

Imagine duas funções, f=f(x) e g=g(x), contínuas e deriváveis no intervalo I, sendo que a derivada de g(x) não é zero para todo x no interior de I, ou seja, $g'(x) \neq 0$ para todo x no interior de I. Considere que:

- $a \in I$;
- $f(a) = g(a) = 0$;
- $\lim\limits_{x \to a} \dfrac{f'(x)}{g'(x)}$ exista, seja ele finito ou infinito.

Nesse caso:

$$\lim_{x \to a} \frac{f(x)}{g(x)} = \lim_{x \to a} \frac{f'(x)}{g'(x)}$$

Preste atenção!
As funções aqui estudadas são funções de uma variável. No caso, tanto f=f(x) quanto g=g(x) são funções da variável x.

Vejamos um exemplo.

Exemplo 5.1. Determine $\lim\limits_{x \to 5} \dfrac{x^3 + 2x^2 - 43x + 40}{2x^2 - 3x - 35}$.

Inicialmente, verificamos que:

$$\lim_{x \to 5} \frac{x^3 + 2x^2 - 43x + 40}{2x^2 - 3x - 35} = \left[\frac{(5)^3 + 2(5)^2 - 43(5) + 40}{2(5)^2 - 3(5) - 35} \right] = \left[\frac{125 + 50 - 215 + 40}{50 - 15 - 35} \right] = \left[\frac{0}{0} \right]$$

No caso, temos:

$$f(x) = x^3 + 2x^2 - 43x + 40$$

$$g(x) = 2x^2 - 3x - 35$$

Logo:

$$f'(x) = \left(x^3 + 2x^2 - 43x + 40\right)' = \left(x^3\right)' + 2\left(x^2\right)' - 43\left(x\right)' + 0 = 3x^2 + 4x - 43$$

$$g'(x) = \left(2x^2 - 3x - 35\right)' = 2\left(x^2\right)' - 3\left(x\right)' - 0 = 4x - 3$$

Assim, chegamos a:

$$\lim_{x \to 5} \frac{x^3 + 2x^2 - 43x + 40}{2x^2 - 3x - 35} = \lim_{x \to 5} \frac{3x^2 + 4x - 43}{4x - 3} = \frac{3(5)^2 + 4(5) - 43}{4(5) - 3} = \frac{52}{17}$$

5.2. SEGUNDA REGRA DE L'HOPITAL

A segunda regra de L'Hopital é usada para o cálculo de limites indeterminados do tipo $\left[\dfrac{\pm\infty}{\pm\infty}\right]$.

Imagine duas funções, f=f(x) e g=g(x), deriváveis em todo x diferente de a, com x pertencente a uma vizinhança V de a dada por $V = \left]a - r, a + r\right[$, com r>0. Considere que:

- $g'(x) \neq 0$ para todo x pertencente a V;
- $\lim_{x \to a} f(x) = \lim_{x \to a} g(x) = \pm\infty$.

Se $\lim\limits_{x \to a} \dfrac{f'(x)}{g'(x)}$ existir, seja ele finito ou infinito, então:

$$\lim_{x \to a} \frac{f(x)}{g(x)} = \lim_{x \to a} \frac{f'(x)}{g'(x)}$$

Vejamos um exemplo.

Exemplo 5.2. Determine $\lim\limits_{x \to +\infty} \dfrac{x+5}{e^x + 7}$.

Inicialmente, verificamos que:

$$\lim_{x \to +\infty} \frac{x+5}{e^x + 7x} = \left[\frac{+\infty + 5}{+\infty + \infty}\right] = \left[\frac{+\infty}{+\infty}\right]$$

No caso, temos:

$$f(x) = x + 5$$

$$g(x) = e^x + 7x$$

Logo:

$$f'(x) = (x+5)' = (x)' + 0 = 1$$

$$g'(x) = (e^x + 7x)' = (e^x)' + 7(x)' = e^x + 7$$

Assim, chegamos a:

$$\lim_{x \to +\infty} \frac{x+5}{e^x + 7x} = \lim_{x \to +\infty} \frac{1}{e^x + 7} = \left[\frac{1}{+\infty + 7}\right] = \left[\frac{1}{+\infty}\right] = 0$$

Preste atenção!

Como podemos visualizar na figura a seguir, se x tende a +∞, a função $y = e^x + 7x$ tende a +∞.

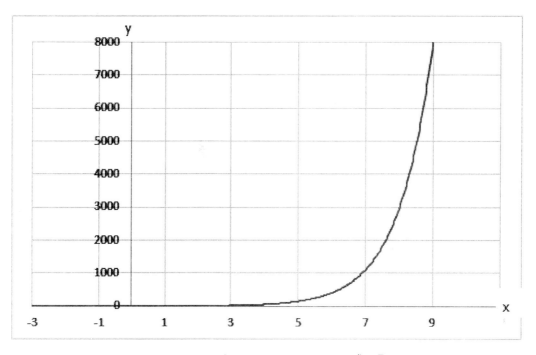

Figura 5.1. Gráfico da função $y = e^x + 7x$.

5.3. RESUMO

No capítulo 5, passamos para o estudo das duas regras de L'Hopital, utilizadas para o cálculo de limites indeterminados do tipo $\left[\dfrac{0}{0}\right]$ e do tipo $\left[\dfrac{\pm\infty}{\pm\infty}\right]$.

Imagine duas funções, f=f(x) e g=g(x), contínuas e deriváveis no intervalo I, sendo que a derivadas de g(x) não é zero para todo x no interior de I, ou seja, $g'(x) \neq 0$ para todo x no interior de I. Considere que $a \in I$; $f(a) = g(a) = 0$; e $\lim\limits_{x \to a} \dfrac{f'(x)}{g'(x)}$ exista, seja ele finito ou infinito. Nesse caso, de acordo com a primeira regra de L'Hopital, temos:

Capítulo 5 - Cálculo do Limite de Quociente que apresentam indeterminações pelas regras de L´Hopital • 119

$$\lim_{x \to a} \frac{f(x)}{g(x)} = \lim_{x \to a} \frac{f'(x)}{g'(x)}$$

Agora, imagine duas funções, f=f(x) e g=g(x), deriváveis em todo x diferente de a, com x pertencente a uma vizinhança V de a dada por $V =]a-r, a+r[$, com r>0. Considere que $g'(x) \neq 0$ para todo x pertencente a V e que $\lim_{x \to a} f(x) = \lim_{x \to a} g(x) = \pm\infty$. Se $\lim_{x \to a} \frac{f'(x)}{g'(x)}$ existir, seja ele finito ou infinito, de acordo com a segunda regra de L'Hopital, temos:

$$\lim_{x \to a} \frac{f(x)}{g(x)} = \lim_{x \to a} \frac{f'(x)}{g'(x)}$$

5.4. EXERCÍCIOS PROPOSTOS

Exercício 5.1. Use a primeira regra de L'Hopital para determinar o seguinte limite:
$\lim_{x \to 11} \frac{x^3 - 12x^2 + 5x + 66}{3x^2 - 12x - 231}$.

Exemplo 5.2. Use a segunda regra de L'Hopital para determinar o seguinte limite:
$\lim_{x \to +\infty} \frac{8x - 27}{13e^x - 5}$.

5.5. RESPOSTAS DOS EXFRCÍCIOS PROPOSTOS

Exercício 5.1. $\lim_{x \to 11} \frac{x^3 - 12x^2 + 5x + 66}{3x^2 - 12x - 231} = \frac{52}{27}$

Exemplo 5.2. $\lim_{x \to +\infty} \frac{8x - 27}{13e^x - 5} = 0$

CAPÍTULO 6. ANÁLISE DO COMPORTAMENTO DE FUNÇÕES

6.1. CRESCIMENTO E DECRESCIMENTO DE FUNÇÕES

Uma função contínua f é crescente em um intervalo I se, para quaisquer x_1 e x_2 pertencentes a I, com $x_1 < x_2$, tivermos $f(x_1) < f(x_2)$. Ou seja, no caso de uma função y=f(x) crescente, conforme "x aumenta, a imagem da função também aumenta".

Uma função contínua f é decrescente em um intervalo I se, para quaisquer x_1 e x_2 pertencentes a I, com $x_1 < x_2$, tivermos $f(x_1) > f(x_2)$. Ou seja, no caso de uma função y=f(x) decrescente, conforme "x aumenta, a imagem da função diminui".

Consideremos uma função $y = f(x)$ contínua no intervalo I. Vimos que a derivada de $y = f(x)$ no ponto $P = (x_0, y_0)$, indicada por $y'_0 = f'(x_0)$ ou $y'_0 = \dfrac{dy}{dx}\bigg|_{x_0} = \dfrac{df}{dx}\bigg|_{x_0}$, é o coeficiente angular da reta tangente (reta t) ao gráfico de $y = f(x)$ no ponto $P = (x_0, y_0)$. Esse coeficiente angular é a tangente do ângulo α indicado na figura a seguir.

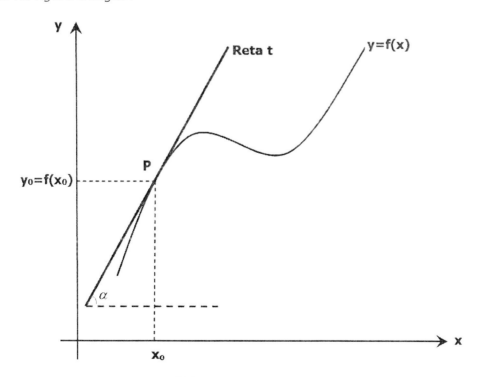

Figura 6.1. A derivada de $y = f(x)$ no ponto $P = (x_0, y_0)$ é o coeficiente angular da reta tangente (reta t) ao gráfico de $y = f(x)$ no ponto P.

Assim, escrevemos:

$$y'_o = f'(x_o) = tg\alpha \text{ ou } y'_o = \left.\frac{dy}{dx}\right|_{x_0} = \left.\frac{df}{dx}\right|_{x_0} = tg\alpha$$

Podemos perceber o que segue.

Se a reta tangente ao gráfico de $y = f(x)$ em $P = (x_0, y_0)$ tiver coeficiente angular positivo, a derivada de $y = f(x)$ em P é positiva e $y = f(x)$ é crescente em P.

Se a reta tangente ao gráfico de $y = f(x)$ em $P = (x_0, y_0)$ tiver coeficiente angular negativo, a derivada de $y = f(x)$ em P é negativa e $y = f(x)$ é decrescente em P.

Assim, para estudar o crescimento e o decrescimento da função y=f(x) contínua e derivável, devemos considerar o sinal de sua derivada de primeira ordem, conforme segue.

Se $f'(x) > 0$ para todo x no intervalo $]a, b[$, então a função será crescente no intervalo.

Se $f'(x) < 0$ para todo x no intervalo $]a, b[$, então a função será decrescente no intervalo.

A figura ilustra os casos apresentados acima.

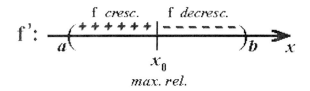

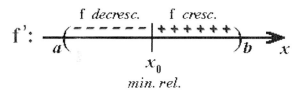

Figura 6.2. Relação entre o sinal da derivada de primeira ordem e a variação da função.

Disponível em <http://www.uff.br/webmat/Calc1_LivroOnLine/Cap17_Calc1.html>. Acesso em 03 out. 2021.

Veja, por exemplo, o caso da função $y = f(x) = x^4$, cujo gráfico está apresentado a seguir.

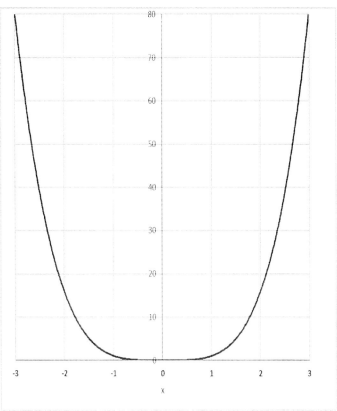

Figura 6.3. Gráfico de $y = f(x) = x^4$.
Autoria própria.

A derivada de $f(x) = x^4$ é $f'(x) = 4x^3$. Nesse caso, vemos que:

e x<0, $f'(x) = 4x^3 < 0$ e $f(x) = x^4$ é decrescente;

e x>0, $f'(x) = 4x^3 > 0$ e $f(x) = x^4$ é crescente.

6.2. PONTOS CRÍTICOS DE FUNÇÕES (PONTO DE MÁXIMO, PONTO DE NIMO E PONTO DE INFLEXÃO)

Pontos extremos de uma função podem ser pontos de máximo ou de mínimo. São tos extremos de funções deriváveis de uma variável os pontos onde a reta tangente à ção é horizontal (veja a figura a seguir). Como o coeficiente angular de uma reta izontal é nulo, ou seja, essa reta tem equação $y = b$, com b constante, e a derivada $y'_0 = f'(x_0)$ da função $y = f(x)$ no ponto $P = (x_0, y_0)$ é igual ao coeficiente angular da reta tangente ao gráfico de $y = f(x)$ em P, podemos concluir que a derivada de uma função é nula em um ponto extremo.

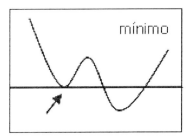 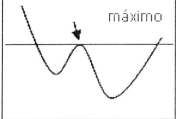 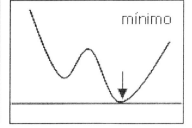

Figura 6.4. Retas tangentes a pontos de máximo e mínimo de uma função derivável $y = f(x)$ **qualquer.**

Vejamos: seja $y = f(x)$ uma função derivável. Se $P = (x_0, y_0)$ é um ponto extremo de $y = f(x)$, temos que $y' = f'(x) = \dfrac{dy}{dx} = \dfrac{df}{dx} = 0$ em $x = x_0$ ou $y'_0 = f'(x_0) = \dfrac{dy}{dx}\bigg|_{x_0} = \dfrac{df}{dx}\bigg|_{x_0} = 0$.

Dado um ponto de máximo de $y = f(x)$, se $y = f(x)$ não apresenta outros pontos de máximo com ordenada maior, esse ponto é dito ponto de máximo global, senão é classificado como ponto de máximo local.

Dado um ponto de mínimo de $y = f(x)$, se $y = f(x)$ não apresenta outros pontos de mínimo com ordenada menor, esse ponto é dito ponto de mínimo global, senão é classificado como ponto de mínimo local.

Vale notar que uma função pode ter "vários" pontos de mínimo e de máximo locais.

Para decidirmos se um ponto extremo de $y = f(x)$ é ponto de máximo ou de mínimo, precisamos estudar o sinal da derivada de segunda ordem $y'' = f''(x)$ da função nesse ponto.

Assim, temos o que segue.

Se $f'(x) = 0$ em $x = x_0$, ou seja, $f'(x_0) = \dfrac{df}{dx}\bigg|_{x_0} = 0$, e se $f''(x) < 0$ em $x = x_0$, ou seja, $f''(x_0) = \dfrac{d^2 f}{dx^2}\bigg|_{x_0} < 0$, então $P = (x_0, y_0)$ é ponto de máximo de f(x).

Se $f'(x) = 0$ em $x = x_o$, ou seja, $f'(x_o) = \dfrac{df}{dx}\bigg|_{x_o} = 0$, e se $f''(x) > 0$ em $x = x_o$, ou seja, $f''(x_o) = \dfrac{d^2f}{dx^2}\bigg|_{x_o} > 0$, então $P = (x_0, y_0)$ é ponto de mínimo de f(x).

Vale notar que os pontos de inflexão de $y = f(x)$ (pontos onde a função muda de concavidade) são os pontos em que as derivadas de primeira e de segunda ordens de $y = f(x)$ são nulas, ou seja, os pontos em que $f'(x) = \dfrac{df}{dx} = 0$ e $f''(x) = \dfrac{d^2f}{dx^2} = 0$.

Tendo em vista que a derivada de uma função $y = f(x)$ em um ponto de abscissa $x = x_o$ do seu domínio é igual ao coeficiente angular da reta tangente ao gráfico de $y = f(x)$ no ponto $P = (x_0, y_0)$, podemos concluir o que segue para f(x) contínua no intervalo I.

Se $f'(x) > 0$ para todo x interior a I, então $y = f(x)$ é estritamente crescente em I.

Se $f'(x) < 0$ para todo x interior a I, então $y = f(x)$ é estritamente decrescente em I.

Se $f'(x) = 0$ para x_0 interior a I, então $P = (x_0, y_0)$ é ponto de máximo, de mínimo ou de inflexão de $y = f(x)$.

Para fixarmos o que vimos, vamos estudar o exemplo a seguir.

Exemplo 6.1 (Enade 2011). Os analistas financeiros de uma empresa chegaram a um modelo matemático que permite calcular a arrecadação mensal A da empresa ao longo de 24 meses, por meio da seguinte função:

$$A = A(x) = \dfrac{x^3}{3} - 11x^2 + 117x + 124$$

Na função, 0≤x≤24 é o tempo, em meses. A arrecadação A(x) é dada em milhões de reais.

A arrecadação da empresa começou a decrescer e, depois, retomou o crescimento, respectivamente, a partir dos meses

A. x=0 e x=11.
B. x=4 e x=7.
C. x=8 e x=16.

D. x=9 e x=13.

E. x=11 e x=22.

Resolução do exemplo.

Derivando a função $A(x) = \dfrac{x^3}{3} - 11x^2 + 117x + 124$, obtemos a seguinte função:

$$A'(x) = \left(\dfrac{x^3}{3} - 11x^2 + 117x + 124\right)' = \dfrac{1}{3}(x^3)' - 11(x^2)' + 117(x)' + (124)'$$

$$A'(x) = \dfrac{1}{3}(3x^2) - 11(2x) + 117(1) + 0$$

$$A'(x) = x^2 - 22x + 117$$

Vamos igualar a derivada da função A(x) a zero e estudar o sinal da função $A'(x) = x^2 - 22x + 117$.

Vamos fazer $A'(x) = x^2 - 22x + 117 = 0$.

O discriminante delta dessa equação é:

$$\Delta = (-22)^2 - 4(1)(117) = 484 - 468 = 16$$

Portanto, as raízes de $A'(x) = x^2 - 22x + 117$ são 9 e 13, conforme calculado a seguir.

$x_1 = \dfrac{22 - 4}{2} = 9$

$x_2 = \dfrac{22 + 4}{2} = 13$

Os pontos de críticos de A(x) são x=9 e x=13. Analisamos, então, o sinal da derivada para valores de x inferiores a 9, superiores a 13 e entre 9 e 13. Para isso, podemos tomar quaisquer valores nesses intervalos, como, por exemplo, x=1, x=10 e x=14.

- Para x=1, $A'(1) = (1)^2 - 22(1) + 117 > 0$. Logo, $A'(x)$ é positiva para x<9.

- Para x=10, $A'(10) = (10)^2 - 22(10) + 117 < 0$. Logo, $A'(x)$ é negativa para 9<x<13.

- Para x = 14, $A'(14) = (14)^2 - 22(14) + 117 > 0$. Logo, $A'(x)$ é positiva para x>13.

No gráfico da figura a seguir, temos as regiões de derivada positiva e de derivada negativa para $A'(x)$.

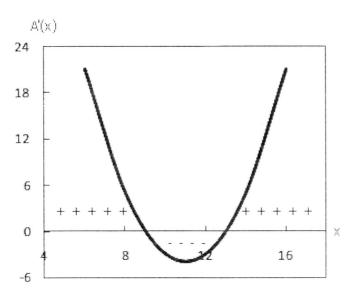

Figura 6.5. Estudo do sinal de $A'(x)$.

Logo, a função f(x) começa a decrescer em x=9 e retoma o crescimento em x=13.

Alternativa correta: D.

Preste atenção!

De modo geral, temos o que segue abaixo.

- Se $f'(x_o) = 0$ e $f''(x_o) < 0$, x_o é abscissa do ponto de máximo.

- Se $f'(x_o) = 0$ e $f''(x_o) > 0$, x_o é abscissa de ponto de mínimo.

- Se $f'(x_o) = 0$ e $f''(x_o) = 0$, x_o é abscissa de ponto de inflexão.

6.3. CONCAVIDADE DE FUNÇÕES

Para avaliarmos se, em dado ponto $P = (x_0, y_0)$ do domínio, a concavidade de uma função $y = f(x)$ que admite, pelo menos, derivadas de 1ª e de 2ª ordens, é voltada para cima ou para baixo, estudamos o sinal da sua derivada de 2ª ordem,

indicada por $y''_o = f''(x_0) = \dfrac{d^2 y}{dx^2}\bigg|_{x_0} = \dfrac{d^2 f}{dx^2}\bigg|_{x_0} = 0$.

Assim, temos o que segue.

- Se $f''(x_o) > 0$, $y = f(x)$ tem concavidade voltada para cima em $P = (x_0, y_0)$.

- Se $f''(x_o) < 0$, $y = f(x)$ tem concavidade voltada para baixo em $P = (x_0, y_0)$.

Vejamos um exemplo: estude a concavidade de $y = f(x) = 2x^5 - 7x^3 - 3x^2 + 5$ nos pontos de abscissas em x=-1 e x=1,5.

Para estudarmos a concavidade da função dada, precisamos, inicialmente, determinar sua derivada de 2ª ordem. Vejamos

Função original.

$y = f(x) = 2x^5 - 7x^3 - 3x^2 + 5$

Derivada de 1ª ordem.

$y' = f'(x) = \left(2x^5 - 7x^3 - 3x^2 + 5\right)' = 2\left(x^5\right)' - 7\left(x^3\right)' - 3\left(x^2\right)' + (5)'$

$y' = f'(x) = 10x^4 - 21x^2 - 6x$

Derivada de 2ª ordem.

$y'' = f''(x) = \left(10x^4 - 21x^2 - 6x\right)' = 10\left(x^4\right)' - 21\left(x^2\right)' - 6(x)'$

$y'' = f''(x) = 40x^3 - 42x - 6$

Em x=-1, temos $f''(-1) = 40(-1)^3 - 42(-1) - 6 = -40 + 42 - 6 = -4$. Como $f''(-1) < 0$, então $y = f(x) = 2x^5 - 7x^3 - 3x^2 + 5$ tem concavidade voltada para baixo no ponto de abscissa x=-1.

Em x=1,5, temos $f''(1,5) = 40(1,5)^3 - 42(1,5) - 6 = 135 - 63 - 6 = 66$. Como $f''(1,5) > 0$, então $y = f(x) = 2x^5 - 7x^3 - 3x^2 + 5$ tem concavidade voltada para cima no ponto de abscissa x=1,5.

Podemos visualizar um trecho do gráfico de $y = f(x) = 2x^5 - 7x^3 - 3x^2 + 5$ na figura a seguir.

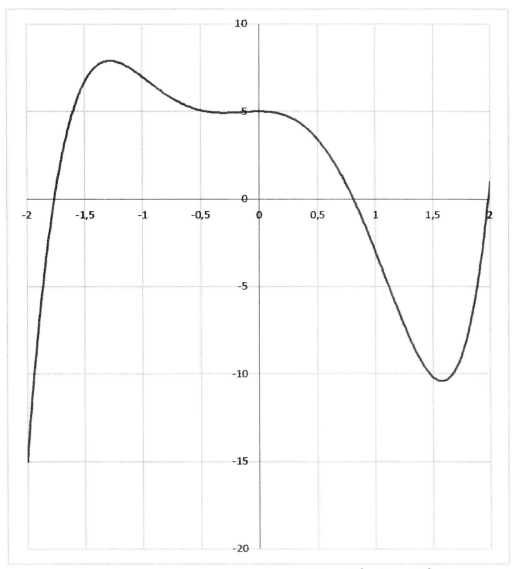

Figura 6.6. Trecho do gráfico de $y = f(x) = 2x^5 - 7x^3 - 3x^2 + 5$.

6.4. ESBOÇO DE GRÁFICOS DE FUNÇÕES NÃO ELEMENTARES

Vamos aplicar o que vimos a respeito do estudo da variação de funções, da determinação de pontos críticos (pontos de máximo, de mínimo e de inflexão) e da avaliação da concavidade em exemplos de construção de esboços de gráficos de funções não elementares.

Exemplo 6.2. Esboce o gráfico de $f(x) = 2x^3 - 7x^2 + 8$

Resolução.

Vamos fazer o esboço do gráfico da função usando os passos a seguir.

Passo 1. Derivada de 1ª ordem de $y = f(x)$.

A derivada de $f(x) = 2x^3 - 7x^2 + 8$ é $f'(x) = 6x^2 - 14x$, conforme mostrado a seguir.

$$f'(x) = (2x^3 - 7x^2 + 8)' = 2(x^3)' - 7(x^2)' + (8)' = 2(3x^2) - 7(2x^1) + (0)$$

$$f'(x) = 6x^2 - 14x$$

Passo 2. Raízes de $y = f'(x)$.

Para acharmos as raízes de $y = f'(x)$, fazemos $f'(x) = 0$.

$$f'(x) = 0$$

$$f'(x) = 6x^2 - 14x = 0$$

Para resolvermos $6x^2 - 14x = 0$, podemos usar a fórmula de Báskara ou, simplesmente, fatorar a expressão, colocando x em evidência.

$$6x^2 - 14x = x(6x - 14) = 0$$

Como temos um produto, para que o resultado seja 0, ou o primeiro fator é 0 ou o segundo fator é 0. Assim:

$$x = 0$$

$$6x - 14 = 0 \Rightarrow 6x = 14 \Rightarrow x = \frac{14}{6} \Rightarrow x = \frac{7}{3}$$

Logo, as raízes de $y = f'(x)$ são x=0 e x=7/3.

Passo 3. Estudo do sinal de $y = f'(x)$ e análise da variação de $y = f(x)$.

No caso, $f'(x) = 6x^2 - 14x$ é uma função do 2º grau de raízes x=0 e x=7/3. Trata-se de uma parábola de concavidade voltada para cima, visto que o coeficiente do termo em x^2 é positivo.

Logo, temos o estudo de sinal a seguir.

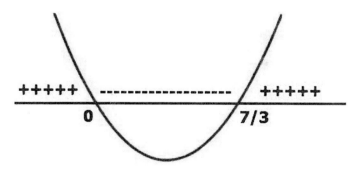

Figura 6.7. Estudo do sinal de $f'(x) = 6x^2 - 14x$.

Assim, concluímos o que segue.

- Como $y' = f'(x) > 0$ em x<0 e em x>7/3, vemos que $y = f(x)$ é crescente em x<0 e em x>7/3.

- Como $y' = f'(x) < 0$ em 0<x<7/3, vemos que $y = f(x)$ é decrescente em 0<x<7/3.

Passo 4. Derivada de 2ª ordem de $y = f(x)$.

A derivada de 2ª ordem de $f(x) = 2x^3 - 7x^2 + 8$ é $f''(x) = 12x - 14$, conforme mostrado a seguir.

$$f''(x) = \left(6x^2 - 14x\right)' = 6\left(x^2\right)' - 14(x)' = 6\left(2x^1\right) - 14(1)$$

$$f''(x) = 12x - 14$$

Passo 5. Raiz de $y'' = f''(x)$.

Para acharmos a raiz de $y'' = f''(x)$, fazemos $f''(x) = 0$.

$$f''(x) = 0$$

$$f''(x) = 12x - 14 = 0 \Rightarrow 12x = 14 \Rightarrow x = \frac{14}{12} \Rightarrow x = \frac{7}{6}$$

Passo 6. Estudo do sinal de $y'' = f''(x)$ e análise da concavidade de $y = f(x)$.

No caso, $f''(x) = 12x - 14$ é uma função do 1º grau de raiz x=7/6. Trata-se de uma reta inclinada para a direita, visto que o coeficiente angular é positivo.

Logo, temos o estudo de sinal a seguir.

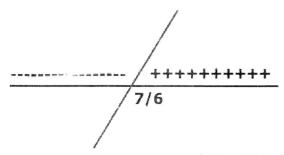

Figura 6.8. Estudo do sinal de $f''(x) = 12x - 14$.
Autoria própria.

Assim, concluímos o que segue.

- Como $y'' = f''(x) < 0$ em x<7/6, vemos que $y = f(x)$ tem concavidade voltada para baixo em x<7/6.

- Como $y'' = f''(x) > 0$ em x>7/6, vemos que $y = f(x)$ tem concavidade voltada para cima em x>7/6.

Passo 7. Pontos críticos de $y = f(x)$.

Os pontos críticos de $y = f(x)$, se existirem, são determinados por $f'(x) = 0$.
No caso, como calculado no passo 2, tais pontos têm abscissas x=0 e x=7/3.
As derivadas de 2ª ordem nesses pontos são:

$$f''(0) = 12(0) - 14 = -14$$

$$f''\left(\frac{7}{3}\right) = 12\left(\frac{7}{3}\right) - 14 = \frac{84-42}{3} = \frac{42}{3}$$

Assim, concluímos o que segue.

- Como $f'(0) = 0$ e $f''(0) < 0$, x=0 é abscissa de ponto de máximo de $y = f(x)$.

- Como $f'\left(\frac{7}{3}\right) = 0$ e $f''\left(\frac{7}{3}\right) > 0$, x=7/3 é abscissa de ponto de mínimo de $y = f(x)$.

Passo 8. Esboço do gráfico de $y = f(x)$.

Com a informações obtidas nos passos anteriores, podemos esboçar o gráfico de $y = f(x)$, mostrado na figura a seguir.

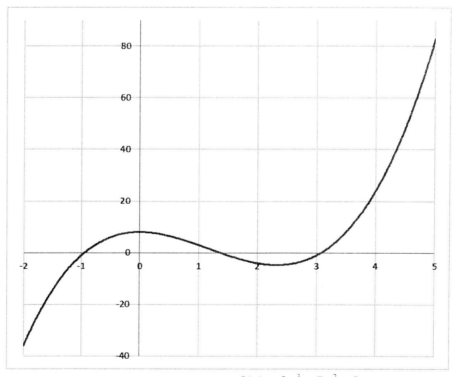

Figura 6.9. Gráfico de $f(x) = 2x^3 - 7x^2 + 8$.

Exemplo 6.3. Esboce o gráfico de $f(x) = \frac{1}{4}x^4 - \frac{4}{3}x^3 - \frac{5}{2}x^2 + 3$

Resolução.

Vamos fazer o esboço do gráfico da função usando os passos a seguir.

Passo 1. Derivada de 1ª ordem de $y = f(x)$.

A derivada de $f(x) = \frac{1}{4}x^4 - \frac{4}{3}x^3 - \frac{5}{2}x^2 + 3$ é $f'(x) = x^3 - 4x^2 - 5x$, conforme mostrado a seguir.

$$f'(x) = \left(\frac{1}{4}x^4 - \frac{4}{3}x^3 - \frac{5}{2}x^2 + 3\right)' = \frac{1}{4}(x^4)' - \frac{4}{3}(x^3)' - \frac{5}{2}(x^2)' + (3)' = \frac{1}{4}(4x^3) - \frac{4}{3}(3x^2) - \frac{5}{2}(2x) + (0)$$

$$f'(x) = x^3 - 4x^2 - 5x$$

Passo 2. Raízes de $y = f'(x)$.

Para acharmos as raízes de $y = f'(x)$, fazemos $f'(x) = 0$.

$f'(x) = 0$

$f'(x) = x^3 - 4x^2 - 5x = 0$

Podemos fatorar a expressão, colocando x em evidência.

$x^3 - 4x^2 - 5x = x(x^2 - 4x - 5)$

Como temos um produto, para que o resultado seja 0, ou o primeiro fator é 0 ou o segundo fator é 0. Assim:

$x = 0$

$x^2 - 4x - 5 = 0$

Para a segunda equação, temos o que segue.

$\Delta = (-4)^2 - 4(1)(-5) = 16 + 20 = 36$

$x_1 = \dfrac{-(-4) - \sqrt{36}}{2(1)} = \dfrac{4 - 6}{2} = -1$

$x_2 = \dfrac{-(-4) + \sqrt{36}}{2(1)} = \dfrac{4 + 6}{2} = 5$

Logo, as raízes de $y = f'(x)$ são x=-1, x=0 e x=5.

Passo 3. Estudo do sinal de $y' = f'(x)$ e análise da variação de $y = f(x)$.

Para estudar o sinal de $f'(x) = x^3 - 4x^2 - 5x$, vamos usar a sua forma fatorada, ou seja, $f'(x) = x(x^2 - 4x - 5)$. Assim, estudamos o sinal da reta y=x e da parábola $y = x^2 - 4x - 5$ e fazemos o produto dos sinais, conforme mostrado na figura a seguir.

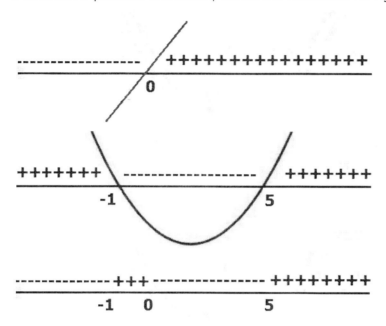

Figura 6.10. Estudo do sinal de $f'(x) = x(x^2 - 4x - 5)$.

Assim, concluímos o que segue.

- Como $y' = f'(x) > 0$ em -1<x<0 e em x>5, vemos que y=f(x) é crescente no intervalo -1<x<0 e em x>5.

- Como $y' = f'(x) < 0$ em x<-1 e em 0<x<5, vemos que $y = f(x)$ é decrescente em x<-1 e em 0<x<5.

Passo 4. Derivada de 2ª ordem de $y = f(x)$.

A derivada de 2ª ordem de $f(x) = \frac{1}{4}x^4 - \frac{4}{3}x^3 - \frac{5}{2}x^2 + 3$ é $f''(x) = 3x^2 - 6x - 5$, conforme mostrado a seguir.

$f''(x) = (x^3 - 4x^2 - 5x)' = (x^3)' - 4(x^2)' - 5(x)' = (3x^2) - 4(2x^1) - 5(1)$

$f''(x) = 3x^2 - 6x - 5$

Passo 5. Raízes de $y'' = f''(x)$.

Para acharmos a raiz de $y'' = f''(x)$, fazemos $f''(x) = 0$.

$f''(x) = 0$

$f''(x) = 3x^2 - 6x - 5 = 0$

$\Delta = (-6)^2 - 4(3)(-5) = 36 + 60 = 96$

$x_1 = \dfrac{-(-6) - \sqrt{96}}{2(3)} = \dfrac{6 - 9,78}{6} = -0,63$

$x_1 = \dfrac{-(-6) + \sqrt{96}}{2(3)} = \dfrac{6 + 9,78}{6} = 2,63$

Logo, as raízes de $y'' = f''(x)$ são x=-0,63 e x=2,63. Veja que aproximamos a raiz quadrada de 96 por 9,78.

Passo 6. Estudo do sinal de $y'' = f''(x)$ e análise da concavidade de $y = f(x)$.

No caso, $f''(x) = 3x^2 - 6x - 5$ é uma função do 2º grau de raízes x=-0,63 e x=2,63. Trata-se de uma parábola com concavidade voltada para cima, visto que o coeficiente do termo em x^2 é positivo.

Logo, temos o estudo de sinal a seguir.

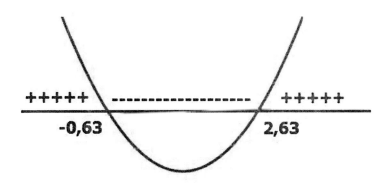

Figura 6.11. Estudo do sinal de $f''(x) = 3x^2 - 6x - 5$.

Assim, concluímos o que segue.

- Como $y'' = f''(x) < 0$ em -0,63<x<2,63, vemos que $y = f(x)$ tem concavidade voltada para baixo em 0,63<x<2,63.

- Como $y'' = f''(x) > 0$ em x><-0,63 e em x>2,63, vemos que $y = f(x)$ tem concavidade voltada para cima em x><-0,63 e em x>2,63.

Passo 7. Pontos críticos de $y = f(x)$.

Os pontos críticos de $y = f(x)$, se existirem, são determinados por $f'(x) = 0$.
No caso, como calculado no passo 2, tais pontos têm abscissas x=-1, x=0 e x=5.
As derivadas de 2ª ordem nesses pontos são:

$f''(-1) = 3(-1)^2 - 6(-1) - 5 = 3 + 6 - 5 = 4$

$f''(0) = 3(0)^2 - 6(0) - 5 = -5$

$f''(5) = 3(5)^2 - 6(5) - 5 = 75 - 30 - 5 = 40$

Assim, concluímos o que segue.

- Como $f'(-1) = 0$ e $f''(-1) > 0$, x=-1 é abscissa de ponto de mínimo de $y = f(x)$.
- Como $f'(0) = 0$ e $f''(0) < 0$, x=0 é abscissa de ponto de máximo de $y = f(x)$.
- Como $f'(5) = 0$ e $f''(5) > 0$, x=5 é abscissa de ponto de mínimo de $y = f(x)$.

Passo 8. Esboço do gráfico de $y = f(x)$.

Com a informações obtidas nos passos anteriores, podemos esboçar o gráfico de $y = f(x)$, mostrado na figura a seguir.

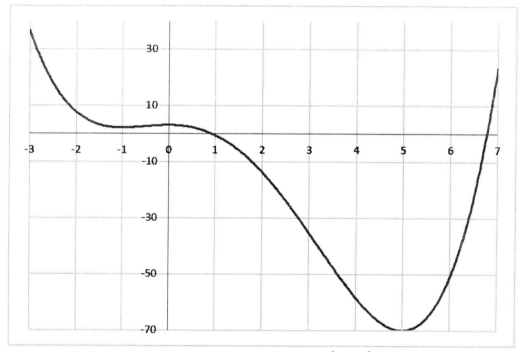

Figura 6.12. Gráfico de $f(x) = 2x^3 - 7x^2 + 8$.

Exemplo 6.4. Esboce o gráfico de $f(x) = \dfrac{5}{3x^2} - 2$

Resolução.

Vamos fazer o esboço do gráfico da função usando os passos a seguir.

Passo 1. Derivada de 1ª ordem de $y = f(x)$.

A derivada de $f(x) = 2x^3 - 7x^2 + 8$ é $f'(x) = \dfrac{-10}{3x^3}$, conforme mostrado a seguir.

$$f'(x) = \left(\dfrac{5}{3x^2} - 2\right)' = \dfrac{5}{3}\left(\dfrac{1}{x^2}\right)' - (2)' = \dfrac{5}{3}(x^{-2})' - (0) = \dfrac{5}{3}(-2x^{-3}) = \dfrac{-10}{3x^3}$$

Passo 2. Raízes de $y = f'(x)$.

Para acharmos as raízes de $y = f'(x)$, fazemos $f'(x) = 0$.

No entanto, não há valor de x que torne $\dfrac{-10}{3x^3}$ igual a 0.

Logo, no caso em estudo, $y = f'(x)$ não tem raízes.

Passo 3. Estudo do sinal de $y = f'(x)$ e análise da variação de $y = f(x)$.

Em $f'(x) = \dfrac{-10}{3x^3}$:

- não podemos substituir x por 0;

- se substituirmos x por um número menor do que 0, x^3 é negativo e $f'(x) = \dfrac{-10}{3x^3}$ é positivo;

- se substituirmos x por um número maior do que 0, x^3 é positivo e $f'(x) = \dfrac{-10}{3x^3}$ é negativo.

Assim, concluímos o que segue.

- Como $y = f'(x) > 0$ em x<0, vemos que $y = f(x)$ é crescente em x<0.

- Como $y = f'(x) < 0$ em x>0, vemos que $y = f(x)$ é decrescente em x>0.

Passo 4. Derivada de 2ª ordem de $y = f(x)$.

A derivada de 2ª ordem de $f(x) = \dfrac{5}{3x^2} - 2$ é $f''(x) = \dfrac{10}{x^4}$, conforme mostrado a seguir.

$$f''(x) = \left(\frac{-10}{3x^3}\right)' = \frac{-10}{3}\left(x^{-3}\right)' = \frac{-10}{3}\left(-3x^{-4}\right) = \frac{10}{x^4}$$

Passo 5. Raiz de $y'' = f''(x)$.

Para acharmos a raiz de $y'' = f''(x)$, fazemos $f''(x) = 0$.

No entanto, não há valor de x que torne $\frac{10}{x^4}$ igual a 0.

Logo, no caso em estudo, $y'' = f''(x)$ não tem raízes.

Passo 6. Estudo do sinal de $y'' = f''(x)$ e análise da concavidade de $y = f(x)$.

Em $f''(x) = \frac{10}{x^4}$:

- não podemos substituir x por 0;

- se substituirmos x por um número menor do que 0, x^4 é positivo e $f''(x) = \frac{10}{x^4}$ é positivo;

- se substituirmos x por um número maior do que 0, x^4 é positivo e $f''(x) = \frac{10}{x^4}$ é positivo.

Assim, concluímos o que segue.

- Como $y'' = f''(x) > 0$ em x<0 e em x>0, vemos que $y = f(x)$ tem concavidade voltada para cima em x<0 e em x>0.

Passo 7. Pontos críticos de $y = f(x)$.

Os pontos críticos de $y = f(x)$, se existirem, são determinados por $f'(x) = 0$.

No caso, como $f'(x) = \frac{-10}{3x^3}$ nunca é 0, $y = f(x)$ não tem pontos críticos.

Passo 8. Esboço do gráfico de $y = f(x)$.

Com a informações obtidas nos passos anteriores, podemos esboçar o gráfico de $y = f(x)$, mostrado na figura a seguir.

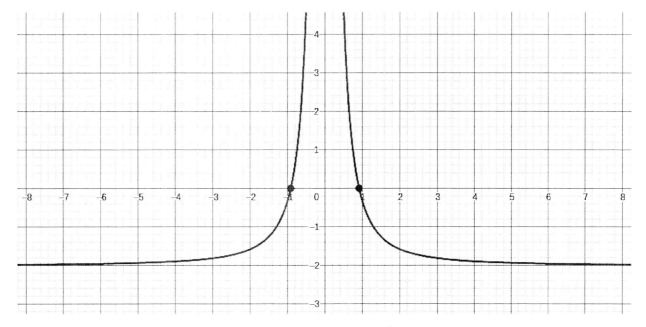

Figura 6.13. Gráfico de $f(x) = \dfrac{5}{3x^2} - 2$.

6.5. RESUMO

No capítulo 6, partimos para a análise do comportamento de funções, incluindo os estudos:

- do crescimento e do decrescimento de funções;
- dos pontos críticos de funções (ponto de máximo, ponto de mínimo e ponto de inflexão);
- da concavidade de funções.

Além disso, fizemos esboços de gráficos de funções não elementares.

Seja y=f(x) uma função contínua e diferenciável em $\mathbb{R}$. Na figura a seguir, representamos um gráfico genérico para essa função. Vemos que, nos pontos de máximo e mínimo, a reta tangente à função é horizontal, ou seja, trata-se de uma reta de inclinação nula.

A inclinação de y=f(x) em um ponto é dada pela derivada dessa função nesse ponto. Logo, para determinarmos os pontos de máximo ou de mínimo de uma função y=f(x), se existirem, basta calcularmos os pontos onde a sua derivada de primeira ordem é nula.

140 • Cálculo bem explicado

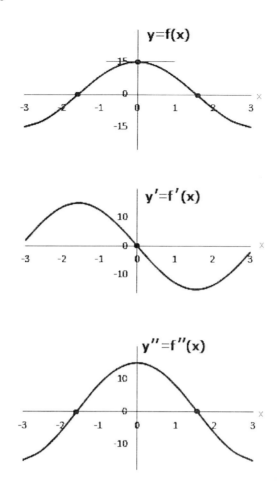

Figura 6.14. No topo, f(x) com seu ponto de máximo ao centro e pontos de inflexão nas laterais. No centro, a derivada de primeira ordem $f'(x)$ e, abaixo, a derivada de segunda ordem $f''(x)$.

Concluímos o que segue.

- Dado um ponto de máximo de y=f(x), se não houver outros pontos de máximo com ordenada maior, esse ponto é dito ponto de máximo global, senão é classificado como ponto de máximo local.

- Dado um ponto de mínimo de y=f(x), não houver outros pontos de mínimo com ordenada menor, esse ponto é dito ponto de mínimo global, senão é classificado como ponto de mínimo local.

Vimos que, nos pontos de inflexão de uma função, suas derivadas de primeira ordem e de segunda ordem são nulas. Destacamos que nem toda função tem pontos de máximo, mínimo ou inflexão.

Por fim, vimos que, para avaliarmos se, em dado ponto $P=(x_0,y_0)$ do domínio, a concavidade de uma função $y=f(x)$ que admite, pelo menos, derivadas de 1ª e de

2ª ordens, é voltada para cima ou para baixo, estudamos o sinal da sua derivada de 2ª ordem, indicada por $y''_o = f''(x_0) = \dfrac{d^2 y}{dx^2}\bigg|_{x_0} = \dfrac{d^2 f}{dx^2}\bigg|_{x_0} = 0$.

Assim, temos o que segue.

- Se $f''(x_o) > 0$, $y = f(x)$ tem concavidade voltada para cima em $P = (x_0, y_0)$.

- Se $f''(x_o) < 0$, $y = f(x)$ tem concavidade voltada para baixo em $P = (x_0, y_0)$.

6.6. EXERCÍCIOS PROPOSTOS

Exercício 6.1. Esboce o gráfico de $f(x) = -5x^3 + 8x^2 + 12$.

Exercício 6.2. Esboce o gráfico de $f(x) = \dfrac{1}{4}x^4 - \dfrac{4}{3}x^3 - \dfrac{77}{2}x^2 + 8$.

Exercício 6.3. Esboce o gráfico de $f(x) = \dfrac{8}{5x^2} - 7$.

Exercício 6.4. Ache o ponto de mínimo de $f(x) = \dfrac{x^2 - 1}{x^2 + 1}$.

Exercício 6.5. A soma de dois números é 40 e o produto entre eles é máximo. Quais são esses números?

6.7. RESPOSTAS DOS EXERCÍCIOS PROPOSTOS

Exercício 6.1. Na figura a seguir, temos o gráfico de $f(x) = -5x^3 + 8x^2 + 12$.

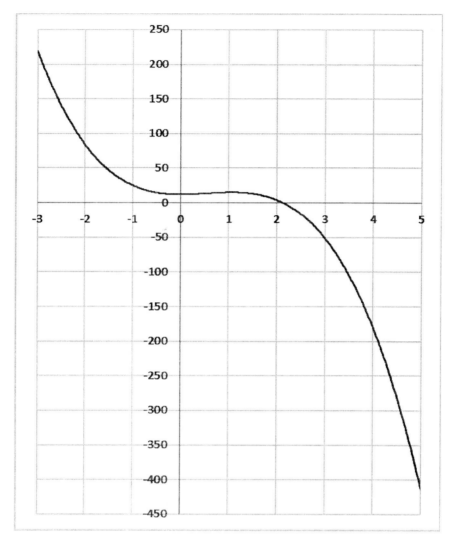

Figura 6.15. Gráfico de $f(x) = -5x^3 + 8x^2 + 12$.

Exercício 6.2. Na figura a seguir, temos o gráfico de $f(x) = \dfrac{1}{4}x^4 - \dfrac{4}{3}x^3 - \dfrac{77}{2}x^2 + 8$.

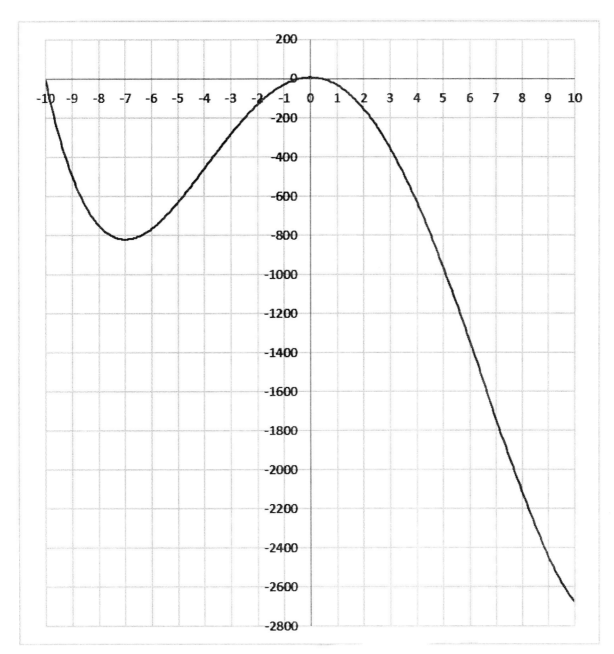

Figura 6.16. Gráfico de $f(x) = \dfrac{1}{4}x^4 - \dfrac{4}{3}x^3 - \dfrac{77}{2}x^2 + 8$.

Exercício 6.3. Na figura a seguir, temos o gráfico de $f(x) = \dfrac{8}{5x^2} - 7$.

144 • Cálculo bem explicado

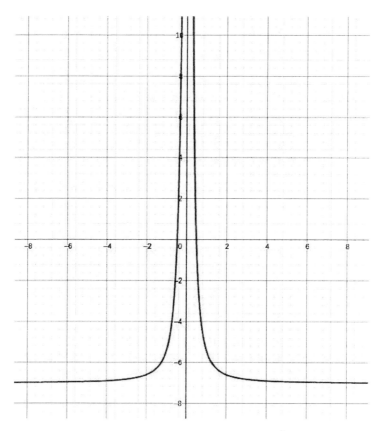

Figura 6.17. Gráfico de $f(x) = \dfrac{8}{5x^2} - 7$.

Exercício 6.4. Ponto de mínimo: P=(0,-1).

Exercício 6.5. Os números são 20 e 20.

CAPÍTULO 7. INTEGRAIS

7.1. CONCEITO DE INTEGRAL

A integração é o processo "inverso" da derivação. Para entendermos esse conceito, vamos estudar o seguinte exemplo: dada a função $f(x)=x^3$, queremos achar outra função, chamada de $F(x)$, cuja derivada seja $f(x)=x^3$. Logo, estamos procurando $F(x)$ tal que $F'(x)=f(x)$. Dizemos que queremos determinar a função $F(x)$ que é a primitiva (ou a integral) de $f(x)=x^3$.

"Quem" poderia ser $F(x)$?

Inicialmente, poderíamos pensar em $F(x)=x^4$. Essa função pode ser um "chute" inicial, pois a derivada de $F(x)=x^4$ é $F'(x)=4x^3$, visto que $F'(x)=\dfrac{dF}{dx}=4x^{4-1}=4x^3$. Parece que estamos no caminho certo, mas a derivada de $F(x)=x^4$ não é exatamente a função procurada, ou seja, não é exatamente $f(x)=x^3$.

Se refletirmos um pouco, poderemos escolher $F(x)=\dfrac{x^4}{4}$ como primitiva de $f(x)=x^3$, visto que a sua derivada é $f(x)=x^3$.

Preste atenção!

Lembre-se de que $F'(x)=\dfrac{dF}{dx}=\dfrac{1}{4}\left(x^4\right)'=\dfrac{1}{4}4x^{4-1}=x^3$.

Observe que poderíamos ter escolhido várias outras funções como primitivas de $f(x)=x^3$, como $F(x)=\dfrac{x^4}{4}+237$ ou $F(x)=\dfrac{x^4}{4}-32,6$, visto que as suas derivadas resultam em $f(x)=x^3$.

Preste atenção!

Lembre-se de que "a derivada da constante é zero".

Constatamos que toda "família" de funções do tipo $F(x) = \dfrac{x^4}{4} + C$, sendo C uma constante (um número real), tem como derivada $f(x) = x^3$.

Preste atenção!

Lembre-se de que a constante C pode ser qualquer número real.

O procedimento que executamos, no qual "procuramos" por primitivas de uma função, é chamado de integração. Desse modo, para o exemplo em estudo, a integral indefinida da função $f(x) = x^3$ é indicada por $\int f(x)dx = \int x^3 dx = \dfrac{x^4}{4} + C$. Essa indicação é lida como: "a integral indefinida de x elevado ao cubo é x elevado à quarta sobre 4, mais a constante de integração C".

De modo geral, a integral indefinida da função $f(x)$ é indicada por $\int f(x)dx = F(x) + C$. A função $F(x)$ é chamada de primitiva de $f(x)$.

Vejamos os exemplos a seguir.

A integral indefinida de $f(x) = 1$ é $\int f(x)dx = \int 1 dx = x + C$, pois a derivada de $x + C$ em relação à variável x resulta em $f(x) = 1$.

A integral indefinida de $f(x) = \cos x$ é $\int f(x)dx = \int \cos x\, dx = \operatorname{sen} x + C$, pois a derivada de $\operatorname{sen} x + C$ em relação à variável x resulta em $f(x) = \cos x$.

A integral indefinida de $f(x) = \operatorname{sen} x$ é $\int f(x)dx = \int \operatorname{sen} x\, dx = -\cos x + C$, pois a derivada de $-\cos x + C$ em relação à variável x resulta em $f(x) = \operatorname{sen} x$.

A integral indefinida de $f(x) = e^x$ é $\int f(x)dx = \int e^x dx = e^x + C$, pois a derivada de $e^x + C$ em relação à variável x resulta em $f(x) = e^x$.

Com base no que vimos e nos exemplos estudados, podemos elaborar a tabela de integrais mostrada a seguir.

Capítulo 7 - Integrais • 147

Tabela 7.1. Tabela de integrais.

$\int x^n dx = \dfrac{x^{n+1}}{n+1} + C$	$\int \dfrac{1}{x} dx = \int x^{-1} dx = \ln|x| + C$
$\int dx = \int 1 dx = x + C$	$\int e^x dx = e^x + C$
$\int \text{sen} x\, dx = -\cos x + C$	$\int \cos x\, dx = \text{sen} x + C$
$\int \sec^2 x\, dx = tg x + C$	$\int \text{cossec}^2 x\, dx = -\cot g x + C$
$\int \sec x.tg x\, dx = \sec x + C$	$\int \text{cossec} x.\cot g x\, dx = -\text{cossec} x + C$
$\int \dfrac{1}{\sqrt{a^2 - x^2}} dx = \text{arcsen}(\dfrac{x}{a}) + C$	$\int \dfrac{1}{a^2 + x^2} dx = \dfrac{1}{a} \text{arctg}(\dfrac{x}{a}) + C$
$\int \dfrac{1}{x\sqrt{a^2 - x^2}} dx = \dfrac{1}{a} \text{arcsec}(\dfrac{x}{a}) + C$	$\int \dfrac{1}{a^2 - x^2} dx = \dfrac{1}{2a} \ln\left|\dfrac{x+a}{x-a}\right| + C$
$\int \dfrac{1}{\sqrt{x^2 - a^2}} dx = \ln\left|x + \sqrt{x^2 - a^2}\right| + C$	$\int a^x dx = \dfrac{1}{\ln a} a^x + C$

Preste atenção!

Na tabela de integrais, temos o que segue.

A secante de x, indicada por secx, é o inverso do cosseno de x, ou seja, $\sec x = \dfrac{1}{\cos x}$.

A cossecante de x, indicada por cossecx, é o inverso do seno de x, ou seja, $\text{cossec}\, x = \dfrac{1}{\text{sen} x}$.

A cotangente de x, indicada por cotgx, é o inverso da tangente de x, ou seja, $\cot g x = \dfrac{1}{tg x}$.

A representação "arc" indica "arco". Por exemplo, arccosx indica o arco ("ângulo") cujo cosseno é x, arcsenx indica o arco ("ângulo") cujo seno é x e arctgx indica o arco ("ângulo") cuja tangente é x.

7.2. PROPRIEDADES DAS INTEGRAIS

As duas propriedades das integrais mostradas a seguir, nomeadas de P1 e P2, são muito utilizadas para resolvermos integrais.

P1. $\int (f(x) \pm g(x))dx = \int f(x)dx \pm \int g(x)dx$.

Segundo a propriedade P1, a integral da soma (ou da subtração) de duas funções é igual à soma (ou à subtração) das integrais de cada uma das funções. Essa propriedade também é válida quando temos a soma (ou a subtração) de mais de duas funções.

P2. $\int k.f(x)dx = k.\int f(x)dx$, sendo k uma constante.

Segundo a propriedade P2, a integral de uma constante k multiplicada por uma função é igual à constante k multiplicada pela integral da função.

Para fixarmos o que vimos, vamos estudar os exemplos a seguir.

Exemplo 7.1. Calcule $\int x^8 dx$.

Na tabela de integrais, vemos que: $\int x^n dx = \dfrac{x^{n+1}}{n+1} + C$.

No exemplo, n vale 8 (n=8). Logo, a integral de "x elevado a 8" é "x elevado a 8+1, dividido por 8+1", ou seja, "x elevado a 9, dividido por 9", além da constante de integração. Isso pode ser escrito como:

$$\int x^8 dx = \dfrac{x^{8+1}}{8+1} + C = \dfrac{x^9}{9} + C$$

Exemplo 7.2. Calcule $\int x^{-8} dx$.

Na tabela de integrais, vemos que: $\int x^n dx = \dfrac{x^{n+1}}{n+1} + C$.

No exemplo, n vale -8 (n=-8). Logo, a integral de "x elevado a -8" é "x elevado a -8+1, dividido por -8+1", ou seja, "x elevado a -7, dividido por -7", além da constante de integração. Isso pode ser escrito como:

$$\int x^{-8}dx = \frac{x^{-8+1}}{-8+1}+C = \frac{x^{-7}}{-7}+C = \frac{1}{-7x^7}+C = \frac{-1}{7x^7}+C$$

Veja que, após finalizarmos o processo de integração, usamos o que segue, com a=7:

$$x^{-a} = \frac{1}{x^a} \rightarrow x^{-7} = \frac{1}{x^7}$$

Exemplo 7.3. Calcule $\int x^{11/27}dx$.

Na tabela de integrais, vemos que: $\int x^n dx = \frac{x^{n+1}}{n+1}+C$.

No exemplo, n vale 11/27 (n=11/27). Logo, a integral de "x elevado a 11/27" é "x elevado a 11/27+1, dividido por 11/27+1", ou seja, "x elevado a 38/11, dividido por 38/11", além da constante de integração. Isso pode ser escrito como:

$$\int x^{11/27}dx = \frac{x^{\frac{11}{27}+1}}{\frac{11}{27}+1}+C = \frac{x^{\frac{11+27}{27}}}{\frac{11+27}{27}}+C = \frac{x^{\frac{38}{27}}}{\frac{38}{27}}+C = \frac{27x^{38/27}}{38}+C$$

Exemplo 7.4. Calcule $\int (x^{12}+x^{-23})dx$.

Inicialmente, vamos aplicar a propriedade P1, segundo a qual a integral da soma (ou da subtração) de duas funções é igual à soma (ou à subtração) das integrais das funções.

Assim, ficamos com:

$$\int (x^{12}+x^{-23})dx = \int x^{12}dx + \int x^{-23}dx$$

Na tabela de integrais, vemos que: $\int x^n dx = \frac{x^{n+1}}{n+1}+C$. Na primeira integral, n vale 12 (n=12). Na segunda integral, n vale -23 (n=-23).

Assim, ficamos com:

$$\int (x^{12}+x^{-23})dx = \int x^{12}dx + \int x^{-23}dx = \frac{x^{12+1}}{12+1}+\frac{x^{-23+1}}{-23+1}+C = \frac{x^{13}}{13}+\frac{x^{-22}}{-22}+C$$

$$\int (x^{12} + x^{-23})dx = \frac{x^{13}}{13} - \frac{1}{22x^{22}} + C$$

Veja que, quando integramos duas funções, cada uma delas tem sua constante de integração. Quando somamos as integrais dessas duas funções, temos a soma das constantes de integração. Visto que a soma de duas constantes é também uma constante, podemos indicar o resultado dessa soma na constante C.

Exemplo 7.5. Calcule $\int (3x + 7senx)dx$.

Inicialmente, vamos aplicar as propriedades P1 e P2.

Assim, ficamos com:

$$\int (3x + 7senx)dx = \int 3xdx + \int 7senxdx = 3\int x^1 dx + 7\int senxdx$$

Na tabela de integrais, vemos que: $\int x^n dx = \frac{x^{n+1}}{n+1} + C$ e $\int senxdx = -\cos x + C$.

Assim, ficamos com:

$$\int (3x + 7senx)dx = 3\int x^1 dx + 7\int senxdx = 3\frac{x^{1+1}}{1+1} + 7(-\cos x) + C = 3\frac{x^2}{2} - 7(\cos x) + C$$

$$\int (3x + 7senx)dx = \frac{3}{2}x^2 - 7\cos x + C$$

Exemplo 7.6. Calcule $\int (12\cos x - \frac{1}{3}\sec x.tgx)dx$.

Inicialmente, vamos aplicar as propriedades P1 e P2.

Assim, ficamos com:

$$\int (12\cos x - \frac{1}{3}\sec x.tgx)dx = \int 12\cos xdx - \int \frac{1}{3}\sec x.tgxdx = 12\int \cos xdx - \frac{1}{3}\int \sec x.tgxdx$$

Na tabela de integrais, vemos que:

$\int \cos xdx = senx + C$ e $\int \sec x.tgxdx = \sec x + C$.

Assim, ficamos com:

$$\int (12\cos x - \frac{1}{3}\sec x.tgx)dx = 12\int \cos xdx - \frac{1}{3}\int \sec x.tgxdx = 12senx - \frac{1}{3}\sec x + C$$

Exemplo 7.7. Calcule $\int \left(\dfrac{5}{7} x^5 + 3e^x \right) dx$.

Inicialmente, vamos aplicar as propriedades P1 e P2.

Assim, ficamos com:

$$\int \left(\dfrac{5}{7} x^5 + 3e^x \right) dx = \int \dfrac{5}{7} x^5 dx + \int 3e^x dx = \dfrac{5}{7} \int x^5 dx + 3 \int e^x dx$$

Na tabela de integrais, vemos que:

$$\int x^n dx = \dfrac{x^{n+1}}{n+1} + C \text{ e } \int e^x dx = e^x + C$$

Assim, ficamos com:

$$\int \left(\dfrac{5}{7} x^5 + 3e^x \right) dx = \dfrac{5}{7} \dfrac{x^6}{6} + 3e^x + C = \dfrac{5}{42} x^6 + 3e^x + C$$

Exemplo 7.8. Calcule $\int \dfrac{13}{3\sqrt{16-x^2}} dx$.

Inicialmente, vamos aplicar a propriedade P2.

Assim, ficamos com:

$$\int \dfrac{13}{3\sqrt{16-x^2}} dx = \int \dfrac{13}{3} \dfrac{1}{\sqrt{16-x^2}} dx = \dfrac{13}{3} \int \dfrac{1}{\sqrt{16-x^2}} dx$$

Podemos escrever 16 como 4^2:

$$\int \dfrac{13}{3\sqrt{16-x^2}} dx = \dfrac{13}{3} \int \dfrac{1}{\sqrt{4^2-x^2}} dx$$

Na tabela de integrais, vemos que:

$$\int \dfrac{1}{\sqrt{a^2-x^2}} dx = arcsen\left(\dfrac{x}{a} \right) + C.$$

No caso, temos a=4.

Assim, ficamos com:

$$\int \dfrac{13}{3\sqrt{16-x^2}} dx = \dfrac{13}{3} \int \dfrac{1}{\sqrt{4^2-x^2}} dx = \dfrac{13}{3} arcsen\left(\dfrac{x}{4} \right) + C$$

7.3. INTEGRAIS IMEDIATAS

Vamos chamar de integrais imediatas as integrais que são obtidas diretamente da tabela de integrais. Muitas vezes, para chegarmos aos casos listados nessa tabela, precisaremos fazer manipulações algébricas, como as mostradas nos exemplos a seguir.

Exemplo 7.9. Calcule $\int \dfrac{12}{x^8} dx$.

Inicialmente, vamos aplicar a propriedade P2.

Assim, ficamos com:

$$\int \frac{12}{x^8} dx = 12 \int \frac{1}{x^8} dx$$

Agora, vamos reescrever $\dfrac{1}{x^8}$ como x^{-8}.

Veja que usamos $\dfrac{1}{x^a} = x^{-a}$, com a=8.

Assim, ficamos com:

$$\int \frac{12}{x^8} dx = 12 \int \frac{1}{x^8} dx = 12 \int x^{-8} dx$$

Na tabela de integrais, vemos que: $\int x^n dx = \dfrac{x^{n+1}}{n+1} + C$.

Assim, ficamos com:

$$\int \frac{12}{x^8} dx = 12 \int x^{-8} dx = 12 \frac{x^{-8+1}}{-8+1} + C = 12 \frac{x^{-7}}{-7} + C = -\frac{12}{7x^7} + C$$

Exemplo 7.10. Calcule $\int \sqrt[5]{x^3}\, dx$.

Vamos reescrever $\sqrt[5]{x^3}$ como $x^{3/5}$.

Veja que usamos $\sqrt[a]{x^b} = x^{b/a}$, com a=5 e b=3.

Assim, ficamos com:

$$\int \sqrt[5]{x^3}\, dx = \int x^{3/5}\, dx$$

Agora, usamos a regra da tabela de integrais mostrada a seguir, com n=3/5:

$$\int x^n dx = \frac{x^{n+1}}{n+1} + C$$

Assim, ficamos com:

$$\int \sqrt[5]{x^3}\, dx = \int x^{3/5} dx = \frac{x^{\frac{3}{5}+1}}{\frac{3}{5}+1} + C = \frac{x^{\frac{3+5}{5}}}{\frac{3+5}{5}} + C = \frac{x^{\frac{8}{5}}}{\frac{8}{5}} + C = \frac{5}{8} x^{\frac{8}{5}} + C$$

Exemplo 7.11. Calcule $\int x^5 (x+7)^2 dx$.

Inicialmente, vamos usar o desenvolvimento a seguir, com a=x e b=7.

$$(a+b)^2 = a^2 + 2ab + b^2$$

$$(x+7)^2 = x^2 + 2.x.7 + 7^2 = x^2 + 14x + 49$$

Agora, vamos multiplicar x^5 por $(x+7)^2 = x^2 + 14x + 49$:

$$x^5(x+7)^2 = x^5(x^2 + 14x + 49) = x^5 x^2 + x^5.14x + x^5.49 = x^{5+2} + 14x^{5+1} + 49x^5$$

$$x^5(x+7)^2 = x^7 + 14x^6 + 49x^5$$

Assim, ficamos com:

$$\int x^5 (x+7)^2 dx = \int (x^7 + 14x^6 + 49x^5) dx$$

Inicialmente, vamos aplicar as propriedades P1 e P2,

$$\int x^5 (x+7)^2 dx = \int (x^7 + 14x^6 + 49x^5) dx = \int x^7 dx + 14\int x^6 dx + 49\int x^5 dx$$

Chegamos a três integrais imediatas, resolvidas pela seguinte regra:

$$\int x^n dx = \frac{x^{n+1}}{n+1} + C$$

Assim, ficamos com:

$$\int x^5 (x+7)^2 dx = \int x^7 dx + 14\int x^6 dx + 49\int x^5 dx = \frac{x^{7+1}}{7+1} + 14\frac{x^{6+1}}{6+1} + 49x \frac{x^{5+1}}{5+1} + C$$

$$\int x^5 (x+7)^2 dx = \frac{x^8}{8} + 14\frac{x^7}{7} + 49\frac{x^6}{6} + C = \frac{1}{8}x^8 + 2x^7 + \frac{49}{6}x^6 + C$$

Exemplo 7.12. Calcule $\int \dfrac{11x - 2x^5}{3x^2}\, dx$.

Antes de resolvermos a integral propriamente dita, vamos fazer algumas "manipulações" algébricas na função a ser integrada:

$$\dfrac{11x - 2x^5}{3x^2} = \dfrac{11x}{3x^2} - \dfrac{2x^5}{3x^2} = \dfrac{11}{3}x^1 x^{-2} - \dfrac{2}{3}x^5 x^{-2} = \dfrac{11}{3}x^{1-2} - \dfrac{2}{3}x^{5-2} = \dfrac{11}{3}x^{-1} - \dfrac{2}{3}x^3$$

Assim, ficamos com:

$$\int \dfrac{11x - 2x^5}{3x^2}\, dx = \int \dfrac{11}{3}x^{-1}dx - \int \dfrac{2}{3}x^3 dx = \dfrac{11}{3}\int \dfrac{1}{x}dx - \dfrac{2}{3}\int x^3 dx$$

Podemos resolver as duas integrais usando as seguintes regras da tabela:

$$\int x^n dx = \dfrac{x^{n+1}}{n+1} + C \quad \text{e} \quad \int \dfrac{1}{x}dx = \int x^{-1}dx = \ln|x| + C$$

Assim, ficamos com:

$$\int \dfrac{11x - 2x^5}{3x^2}\, dx = \dfrac{11}{3}\int \dfrac{1}{x}dx - \dfrac{2}{3}\int x^3 dx = \dfrac{11}{3}\ln|x| - \dfrac{2}{3}\dfrac{x^4}{4} + C$$

$$\int \dfrac{11x - 2x^5}{3x^2}\, dx = \dfrac{11}{3}\ln|x| - \dfrac{1}{6}x^4 + C$$

Exemplo 7.13. Calcule $\int \left(\sqrt[5]{\dfrac{7}{x^3}} + 2\,\mathrm{sen}\,x \right) dx$.

Antes de resolvermos a integral propriamente dita, vamos fazer algumas "manipulações" algébricas na função a ser integrada:

$$\sqrt[5]{\dfrac{7}{x^3}} + 2\,\mathrm{sen}\,x = \dfrac{\sqrt[5]{7}}{\sqrt[5]{x^3}} + 2\,\mathrm{sen}\,x = \dfrac{\sqrt[5]{7}}{x^{3/5}} + 2\,\mathrm{sen}\,x = \sqrt[5]{7}\,x^{-3/5} + 2\,\mathrm{sen}\,x$$

Assim, ficamos com:

$$\int \left(\sqrt[5]{\dfrac{7}{x^3}} + 2\,\mathrm{sen}\,x \right) dx = \int \sqrt[5]{7}\,x^{-3/5}dx + \int 2\,\mathrm{sen}\,x\,dx = \sqrt[5]{7}\int x^{-3/5}dx + 2\int \mathrm{sen}\,x\,dx$$

Podemos resolver duas integrais usando as seguintes regras da tabela:

$$\int x^n dx = \dfrac{x^{n+1}}{n+1} + C \quad \text{e} \quad \int \mathrm{sen}\,x\,dx = -\cos x + C$$

Assim, ficamos com:

$$\int \left(\sqrt[5]{\frac{7}{x^3}}+2senx\right)dx = \int \sqrt[5]{7}x^{-3/5}dx + \int 2senxdx = \sqrt[5]{7}\frac{x^{\frac{-3}{5}+1}}{\frac{-3}{5}+1}+2(-\cos x)+C$$

$$\int \left(\sqrt[5]{\frac{7}{x^3}}+2senx\right)dx = \sqrt[5]{7}\frac{x^{\frac{-3+5}{5}}}{\frac{-3+5}{5}}+2(-\cos x)+C = \sqrt[5]{7}\frac{x^{\frac{2}{5}}}{\frac{2}{5}}+2(-\cos x)+C$$

$$\int \left(\sqrt[5]{\frac{7}{x^3}}+2senx\right)dx = \sqrt[5]{7}\frac{5}{2}x^{\frac{2}{5}}-2\cos x+C$$

7.4. MÉTODO DE INTEGRAÇÃO POR SUBSTITUIÇÃO

O método de integração por substituição refere-se à mudança de variável na integral.

Imagine que seja possível resolver a seguinte integral: $\int f(u)du$.

Suponha que u seja uma função de x, ou seja, u=u(x).

A derivada de u=u(x) em relação à variável x é:

$$\frac{du}{dx}=u'(x) \rightarrow du = u'(x)dx$$

Por substituição, temos de resolver integrais do tipo:

$$\int f(u(x))u'(x)dx = \int f(u)du$$

Exemplo 7.14. Calcule $\int (x^2-7)^8 2xdx$.

Há uma função e a sua derivada no exemplo? Sim, vejamos.

Vamos chamar a subtração x^2-7 de u, sendo u uma função de x, u=u(x):

$u = u(x) = x^2 - 7$

$\frac{du}{dx}=\left(x^2-7\right)'=\left(x^2\right)'-\left(7\right)'=2x+0 \rightarrow \frac{du}{dx}=2x \rightarrow du = 2xdx$

Na integral, substituímos a função x²-7 por u e 2xdx por du:

$$\int (x^2 - 7)^8 2xdx = \int u^8 du$$

Usamos a regra a seguir, com n=8:

$$\int u^n du = \frac{u^{n+1}}{n+1} + C$$

Assim, ficamos com:

$$\int (x^2 - 7)^8 2xdx = \int u^8 du = \frac{u^9}{9} + C$$

Voltamos com a variável x:

$$\int (x^2 - 7)^8 2xdx = \int u^8 du = \frac{u^9}{9} + C = \frac{(x^2 - 7)^9}{9} + C$$

Exemplo 7.15. Calcule $\int (x^2 - 7)^8 xdx$.

Do mesmo modo que fizemos no exemplo anterior, vamos chamar a subtração x²-7 de u, sendo u uma função de x, u=u(x):

$$u = u(x) = x^2 - 7$$

$$\frac{du}{dx} = (x^2 - 7)' = (x^2)' - (7)' = 2x + 0 \rightarrow \frac{du}{dx} = 2x \rightarrow du = 2xdx \rightarrow xdx = \frac{du}{2}$$

Na integral, substituímos a função x²-7 por u e xdx por du/2:

$$\int (x^2 - 7)^8 2xdx = \int u^8 \frac{du}{2} = \frac{1}{2} \int u^8 du = \frac{1}{2} \frac{u^9}{9} + C = \frac{(x^2 - 7)^9}{18} + C$$

Exemplo 7.16. Calcule $\int \frac{8x^3}{(5x^4 - 23)^9} dx$.

Inicialmente, vamos aplicar a propriedade P2.

Assim, ficamos com:

$$\int \frac{8x^3}{(5x^4 - 23)^9} dx = 8 \int \frac{x^3}{(5x^4 - 23)^9} dx$$

Vamos chamar a subtração 5x⁴-23 de u, sendo u uma função de x, ou seja, u=u(x):

$$u = u(x) = 5x^4 - 23$$

$$\frac{du}{dx} = \left(5x^4 - 23\right)' = \left(5x^4\right)' - \left(23\right)' = 5 \cdot 4x^3 - 0 = 20x^3$$

$$du = 20x^3 dx \rightarrow \frac{du}{20} = x^3 dx$$

Na integral, substituímos 5x⁴-23 por u e x³dx por du/20:

$$\int \frac{8x^3}{(5x^4-23)^9} dx = 8\int \frac{x^3 dx}{(5x^4-23)^9} = 8\int \frac{du/20}{u^9} = 8\int \frac{1}{20} \cdot \frac{du}{u^9} = \frac{8}{20}\int \frac{1}{u^9} du = \frac{2}{5}\int u^{-9} du$$

Usamos a seguinte regra de integração, com u=-9:

$$\int u^n du = \frac{u^{n+1}}{n+1} + C$$

Assim, ficamos com:

$$\int \frac{8x^3}{(5x^4-23)^9} dx = \frac{2}{5}\int u^{-9} du = \frac{2}{5} \frac{u^{-9+1}}{-9+1} + C = \frac{2}{5} \frac{u^{-8}}{-8} + C = -\frac{1}{20u^8} + C$$

Voltamos com a variável x:

$$\int \frac{8x^3}{(5x^4-23)^9} dx = -\frac{1}{20u^8} + C = -\frac{1}{20(5x^4-23)^8} + C$$

Exemplo 7.17. Calcule $\int x^7 e^{x^8-12} dx$.

Vamos chamar a subtração x⁸-12 de u, sendo u uma função de x, ou seja, u=u(x):

$$u = u(x) = x^8 - 12$$

$$\frac{du}{dx} = \left(x^8 - 12\right)' = \left(x^8\right)' - \left(12\right)' = 8x^7 \rightarrow du = 8x^7 dx \rightarrow \frac{du}{8} = x^7 dx$$

Na integral, substituímos x⁸-12 por u e x⁷dx por du/8:

$$\int x^7 e^{x^8-12} dx = \int (e^{x^8-12}) x^7 dx = \int e^u \frac{du}{8} = \int \frac{1}{8} e^u du = \frac{1}{8}\int e^u du$$

Prosseguimos com a integração usando a seguinte regra:

$$\int e^u du = e^u + C$$

Assim, ficamos com:

$$\int x^7 e^{x^8-12} dx = \int (e^{x^8-12}) x^7 dx = \int e^u \frac{du}{8} = \int \frac{1}{8} e^u du = \frac{1}{8}\int e^u du = \frac{1}{8} e^u + C$$

Voltamos com a variável x:

$$\int x^7 e^{x^8-12} dx = \frac{1}{8} e^u + C = \frac{1}{8} e^{(x^8-12)} + C$$

Exemplo 7.18. Calcule $\int x^2 \operatorname{sen} x^3 dx$.

Vamos chamar x^3 de u, sendo u uma função de x, ou seja, u=u(x):

$$u = u(x) = x^3 \to \frac{du}{dx} = (x^3)' = 3x^2 \to du = 3x^2 dx \to \frac{du}{3} = x^2 dx$$

Na integral, substituímos x^3 por u e x^2dx por du/3:

$$\int x^2 \operatorname{sen} x^3 dx = \int (\operatorname{sen} x^3) x^2 dx = \int (\operatorname{sen} u) \frac{du}{3} = \frac{1}{3} \int \operatorname{sen} u \, du$$

Continuamos a integração utilizando a seguinte regra:

$$\int \operatorname{sen} u \, du = -\cos u + C$$

Assim, ficamos com:

$$\int x^2 \operatorname{sen} x^3 dx = \frac{1}{3} \int \operatorname{sen} u \, du = -\frac{1}{3} \cos u + C$$

Voltamos com a variável x:

$$\int x^2 \operatorname{sen} x^3 dx = \frac{1}{3} \int \operatorname{sen} u \, du = -\frac{1}{3} \cos x^3 + C$$

Exemplo 7.19. Calcule $\int \operatorname{sen} x \cos x \, dx$.

Vamos chamar senx de u, sendo u uma função de x, ou seja, u=u(x):

$$u = u(x) = \operatorname{sen} x \to \frac{du}{dx} = (\operatorname{sen} x)' = \cos x \to du = \cos x \, dx$$

Na integral, substituímos senx por u e cosxdx por du:

$$\int \operatorname{sen} x \cos x \, dx = \int u \, du = \int u^1 du$$

Prosseguimos com a integração usando a seguinte regra, com n=1:

$$\int u^n du = \frac{u^{n+1}}{n+1} + C$$

Assim, ficamos com:

$$\int senx.\cos x dx = \int u du = \int u^1 du = \frac{u^{1+1}}{1+1} + C = \frac{u^2}{2} + C$$

Voltamos com a variável x:

$$\int senx.\cos x dx = \frac{u^2}{2} + C = \frac{(senx)^2}{2} + C = \frac{sen^2 x}{2} + C$$

Exemplo 7.20. Calcule $\int tgx dx$.

Inicialmente, reescrevemos a integral como:

$$\int tgx dx = \int \frac{senx}{\cos x} dx$$

Vamos chamar cosx de u, sendo u uma função de x, ou seja, u=u(x):

$$u = u(x) = \cos x \rightarrow \frac{du}{dx} = (\cos x)' = -senx \rightarrow du = -senx dx \rightarrow -du = senx dx$$

Na integral, substituímos cosx por u e senxdx por –du:

$$\int tgx dx = \int \frac{senx}{\cos x} dx = \int \frac{-du}{u} = -\int \frac{1}{u} du$$

Prosseguimos a integração usando a seguinte regra:

$$\int \frac{1}{u} du = \int u^{-1} du = \ln|u| + C$$

Assim, ficamos com:

$$\int tgx dx = \int \frac{senx}{\cos x} dx = \int \frac{-du}{u} = -\int \frac{1}{u} du = -\ln|u| + C$$

Voltamos com a variável x:

$$\int tgx dx = -\ln|u| + C = -\ln|\cos x| + C$$

7.5. MÉTODO DE INTEGRAÇÃO POR PARTES

No método da integração por partes, desenvolvemos a integral de udv como a subtração entre o produto $u.v$ e a integral de vdu, conforme indicado a seguir.

$$\boxed{\int udv = u.v - \int vdu}$$

Veja que, se tivermos a função $u = u(x)$, poderemos determinar $du = u'(x)dx$, pois $\frac{du}{dx} = u'(x)$ é a derivada de $u = u(x)$ em relação à variável. Além disso, queremos, a partir de dv, determinar $v = v(x)$, pois $v = \int dv$.

Podemos dizer que, na maioria das vezes, tal método é interessante para situações nas quais a integral de vdu é "mais fácil" de se resolver do que a integral de udv. Isso poderá ser verificado nos exemplos a seguir.

Preste atenção!

Quando substituímos $v = \int dv$ em $\int vdu$, não usamos, nesta etapa, a constante de integração relativa à integral de dv.

Exemplo 7.21. Calcule $\int xe^x dx$.

Vamos fazer as equivalências a seguir.

$$u = u(x) = x \rightarrow \frac{du}{dx} = (x)' = 1 \rightarrow du = 1dx \rightarrow du = dx$$

$$dv = e^x dx \rightarrow v = \int dv = \int e^x dx = e^x + C$$

Agora, utilizamos o método da integração por partes para resolvermos a integral dada:

$$\int udv = u.v - \int vdu$$

$$\int xe^x dx = xe^x - \int e^x dx$$

Continuamos usando a seguinte regra da tabela de integrais $\int e^x dx = e^x + C$:

$$\int xe^x dx = xe^x - \int e^x dx = xe^x - e^x + C$$

Já terminamos de resolver a integral, mas podemos colocar e^x em evidência para obtermos a resposta final:

$$\int xe^x dx = xe^x - e^x + C = e^x(x-1) + C$$

Exemplo 7.22. Calcule $\int (12x-5)e^x dx$.

Vamos fazer as equivalências a seguir.

$$u = u(x) = 12x - 5 \to \frac{du}{dx} = (12x-5)' = (12x)' - (5)' = 12.1 - 0 = 12 \to du = 12dx$$

$$dv = e^x dx \to v = \int dv = \int e^x dx = e^x + C$$

Agora, utilizamos o método da integração por partes para resolvermos a integral dada:

$$\int u\,dv = u.v - \int v\,du$$

$$\int (12x-5).e^x dx = (12x-5)e^x - \int e^x 12\,dx$$

Usamos a seguinte propriedade:

$$\int k.f(x)dx = k.\int f(x)dx$$

Assim, ficamos com:

$$\int (12x-5).e^x dx = (12x-5)e^x - \int e^x 12\,dx = (12x-5)e^x - 12\int e^x dx$$

$$\int (12x-5).e^x dx = (12x-5)e^x - 12e^x + C$$

Já terminamos de resolver a integral, mas podemos colocar e^x em evidência para obtermos a resposta final:

$$\int (12x-5).e^x dx = (12x-5)e^x - 12e^x + C = e^x(12x-5-12) + C = e^x(12x-17) + C$$

Exemplo 7.23. Calcule $\int \frac{x}{5} e^{-x} dx$.

Inicialmente, usamos a seguinte propriedade:

$$\int k.f(x)dx = k.\int f(x)dx$$

Assim, ficamos com:

$$\int \frac{x}{5} e^{-x} dx = \int \frac{1}{5} x e^{-x} dx = \frac{1}{5} \int x e^{-x} dx$$

Vamos fazer as equivalências a seguir.

$$u = u(x) = x \to \frac{du}{dx} = (x)' = 1 \to du = 1dx \to du = dx$$

$$dv = e^{-x} dx \to v = \int dv = \int e^{-x} dx = \int e^{-1x} dx = \frac{1}{-1} e^{-1x} + C = -e^{-x} + C$$

Agora, utilizamos o método da integração por partes para resolvermos a integral dada:

$$\int u dv = u.v - \int v du$$

$$\frac{1}{5}\int xe^{-x}dx = \frac{1}{5}\left(x\left(-e^{-x}\right) - \int -e^{-x}dx\right) = \frac{1}{5}\left(-e^{-x}x + \int e^{-x}dx\right)$$

Novamente, usamos $\int e^{-x}dx = -e^{-x} + C$:

$$\frac{1}{5}\int xe^{-x}dx = \frac{1}{5}\left(-e^{-x}x + \int e^{-x}dx\right) = \frac{1}{5}\left(-e^{-x}x - e^{-x} + C\right)$$

Como um quinto de uma constante também é uma constante, podemos escrever:

$$\frac{1}{5}\int xe^{-x}dx = \frac{1}{5}\left(-e^{-x}x - e^{-x}\right) + C$$

Já terminamos de resolver a integral, mas podemos colocar e^{-x} em evidência para obtermos a resposta final:

$$\frac{1}{5}\int xe^{-x}dx = \frac{1}{5}\left(-e^{-x}x - e^{-x}\right) + C = -\frac{1}{5}e^{-x}(x+1) + C$$

Exemplo 7.24. Calcule $\int (8x-5)\cos x dx$.

Vamos fazer as equivalências a seguir.

$$u = u(x) = 8x - 5 \rightarrow \frac{du}{dx} = 8 \rightarrow du = 8dx$$

$$dv = \cos x dx \rightarrow v = \int dv = \int \cos x dx = sen x + C$$

Agora, utilizamos o método da integração por partes para resolvermos a integral dada:

$$\int u dv = u.v - \int v du$$

$$\int (8x-5).\cos x dx = (8x-5)sen x - \int (sen x)8dx$$

Usamos a seguinte propriedade:

$$\int k.f(x)dx = k.\int f(x)dx$$

Assim, ficamos com:

$$\int (8x-5).\cos x dx = (8x-5)sen x - \int (sen x)8dx = (8x-5)sen x - 8\int sen x dx$$

Usamos a seguinte regra da tabela de integrais $\int sen x dx = -\cos x + C$:

$$\int (8x-5).\cos x dx = (8x-5)sen x - 8\int sen x dx = (8x-5)sen x - 8(-\cos x) + C$$

$$\int (8x-5).\cos x dx = (8x-5) sen x + 8\cos x + C$$

Exemplo 7.25. Calcule $\int \ln x dx$.

Vamos fazer as equivalências a seguir.

$$u = u(x) = \ln x \to \frac{du}{dx} = \frac{1}{x} \to du = \frac{1}{x}dx$$

$$dv = dx \to v = \int dv = \int dx = x + C$$

Agora, utilizamos o método da integração por partes para resolvermos a integral dada:

$$\int u dv = u.v - \int v du$$

$$\int \ln x dx = (\ln x)x - \int x \frac{1}{x}dx = x \ln x - \int dx = x \ln x - x + C$$

Já terminamos de resolver a integral, mas podemos colocar x em evidência para obtermos a resposta final:

$$\int \ln x dx = x \ln x - x = x(\ln x - 1)$$

Exemplo 7.26. Calcule $\int x^2 \ln x dx$.

Vamos fazer as equivalências a seguir.

$$u = u(x) = \ln x \to \frac{du}{dx} = \frac{1}{x} \to du = \frac{1}{x}dx$$

$$dv = x^2 dx \to v = \int dv = \int x^2 dx = \frac{x^{2+1}}{2+1} + C = \frac{x^3}{3} + C$$

Agora, utilizamos o método da integração por partes para resolvermos a integral dada:

$$\int u dv = u.v - \int v du$$

$$\int x^2 \ln x dx = \int (\ln x) x^2 dx = (\ln x)\frac{x^3}{3} - \int \frac{x^3}{3}\frac{1}{x}dx = (\ln x)\frac{x^3}{3} - \int \frac{x^2}{3}dx$$

$$\int x^2 \ln x dx = (\ln x)\frac{x^3}{3} - \int \frac{1}{3}x^2 dx$$

Usamos a seguinte propriedade:

$$\int k.f(x)dx = k.\int f(x)dx$$

Assim, ficamos com:

$$\int x^2 \ln x\, dx = \int (\ln x) x^2 dx = (\ln x)\frac{x^3}{3} - \int \frac{1}{3}x^2 dx = \frac{x^3}{3}\ln x - \frac{1}{3}\int x^2 dx$$

Prosseguimos com a integração utilizando a seguinte regra:

$$\int x^n dx = \frac{x^{n+1}}{n+1} + C$$

Assim, ficamos com:

$$\int x^2 \ln x\, dx = \frac{x^3}{3}\ln x - \frac{1}{3}\int x^2 dx = \frac{x^3}{3}\ln x - \frac{1}{3}\frac{x^3}{3} + C$$

Já terminamos de resolver a integral, mas podemos colocar x³/3 em evidência para obtermos a resposta final:

$$\int x^2 \ln x\, dx = \frac{x^3}{3}\ln x - \frac{1}{3}\cdot\frac{x^3}{3} + C = \frac{x^3}{3}\left(\ln x - \frac{1}{3}\right) + C$$

Exemplo 7.27. Calcule $\int x^2 e^x dx$

Vamos fazer as equivalências a seguir.

$$u = u(x) = x^2 \rightarrow \frac{du}{dx} = 2x \rightarrow du = 2x\, dx$$

$$dv = e^x dx \rightarrow v = \int dv = \int e^x dx = e^x + C$$

Agora, utilizamos o método da integração por partes para resolvermos a integral dada:

$$\int u\, dv = u.v - \int v\, du$$

$$\int x^2 e^x dx = x^2 e^x - \int e^x 2x\, dx$$

Usamos a seguinte propriedade:

$$\int k.f(x)dx = k.\int f(x)dx$$

Assim, ficamos com:

$$\int x^2 e^x dx = x^2 e^x - \int e^x 2x\, dx = x^2 e^x - 2\int x e^x dx$$

Chegamos, de novo, a uma integral que deve ser resolvida por partes e que já foi resolvida no início desta seção:

$$\int x e^x dx = x e^x - \int e^x dx = x e^x - e^x + C$$

Assim, ficamos com:

$$\int x^2 e^x dx = x^2 e^x - 2\int xe^x dx = x^2 e^x - 2(xe^x - e^x) = x^2 e^x - 2xe^x + 2e^x$$

Já terminamos a integral, mas podemos colocar e^x em evidência para obtermos a resposta final:

$$\int x^2 e^x dx = x^2 e^x - 2xe^x + 2e^x = e^x(x^2 - 2x + 2)$$

Exemplo 7.28. Calcule $\int x^2 \cos x dx$.

Vamos fazer as equivalências a seguir.

$$u = u(x) = x^2 \rightarrow \frac{du}{dx} = (x^2)' = 2x \rightarrow du = 2xdx$$

$$dv = \cos x dx \rightarrow v = \int dv = \int \cos x dx = sen x + C$$

Agora, utilizamos o método da integração por partes para resolvermos a integral dada:

$$\int u dv = u.v - \int v du$$

$$\int x^2 \cos x dx = x^2 sen x - \int (sen x) 2x dx$$

Usamos a seguinte propriedade:

$$\int k.f(x)dx = k.\int f(x)dx$$

Assim, ficamos com:

$$\int x^2 \cos x dx = x^2 sen x - \int sen x 2x dx = x^2 sen x - 2\int x sen x dx$$

Chegamos, de novo, a uma integral que deve ser resolvida por partes, dada pelo produto de x pelo seno de x. Vamos resolver essa integral:

$$w = x \rightarrow \frac{dw}{dx} = 1 \rightarrow dw = 1dx \rightarrow dw = dx$$

$$dz = sen x dx \rightarrow z = \int dz = \int sen x dx = -\cos x + C$$

$$\int w dz = w.z - \int z dw$$

$$\int x.sen x dx = x(-\cos x) - \int (-\cos x)dx = -x\cos x + \int \cos x dx = -x\cos x + sen x + C$$

Assim, ficamos com:

$$\int x^2 \cos x dx = x^2 sen x - 2(-x\cos x + sen x) = x^2 sen x + 2x\cos x - 2sen x + C$$

Exemplo 7.29. Calcule $\int \cos x \ln(senx) dx$

Podemos reescrever a integral dada como:

$\int \cos x \ln(senx) dx = \int (\ln(senx))\cos x dx$.

Vamos fazer as equivalências a seguir.

$u = u(x) = \ln(senx) \to \dfrac{du}{dx} = (\ln(senx))' = \dfrac{(senx)'}{senx} = \dfrac{\cos x}{senx} \to du = \dfrac{\cos x}{senx} dx$

$dv = \cos x dx \to v = \int dv = \int \cos x dx = senx + C$

Observe que, para derivarmos o logaritmo neperiano do seno de x, usamos a regra da cadeia, pois se trata de uma função composta.

Agora, utilizamos o método da integração por partes para resolvermos a integral dada:

$\int u dv = u.v - \int v du$

$\int \cos x \ln(senx) dx = \int (\ln(senx))\cos x dx = (\ln(senx))senx - \int senx \dfrac{\cos x}{senx} dx$

Simplificando a função a ser integrada, ficamos apenas com a integral do cosseno de x, que está na tabela:

$\int \cos x \ln(senx) dx = senx \ln(senx) - \int \cos x dx = senx \ln(senx) - senx + C$

Já terminamos a integral, mas podemos colocar o seno de x em evidência:

$\int \cos x \ln(senx) dx = senx(\ln(senx) - 1) + C$

7.6. INTEGRAIS DEFINIDAS

Definimos a integral definida de uma função contínua $f(x)$ em um intervalo que contenha a e b, desde x=a até x=b, por:

$$\int_a^b f(x) dx = \int_{x=a}^{x=b} f(x) dx = F(x)\Big|_a^b = F(b) - F(a)$$

Na indicação, $F(x)$ é uma primitiva de $f(x)$, x=a é o extremo inferior da integral e x=b é o extremo superior da integral.

Além disso, temos que:

$$\int_a^b f(x)dx = -\int_b^a f(x)dx$$

O que vimos será mais detalhado nos exemplos a seguir.

Exemplo 7.30. Calcule $\int_5^7 x^2 dx$.

Inicialmente, resolvemos a integral indefinida mostrada a seguir.

$$\int x^2 dx = \frac{x^{2+1}}{2+1} + C = \frac{x^3}{3} + C$$

A partir da integral indefinida, podemos resolver a integral definida do exemplo, com extremo inferior x=5 e extremo superior x=7:

$$\int_5^7 x^2 dx = \left[\frac{x^3}{3}\right]_5^7 = \frac{(7)^3}{3} - \frac{(5)^3}{3} = \frac{343}{3} - \frac{125}{3} = \frac{218}{3}$$

Exemplo 7.31. Calcule $\int_7^5 x^2 dx$.

Inicialmente, resolvemos a integral indefinida mostrada a seguir.

$$\int x^2 dx = \frac{x^{2+1}}{2+1} + C = \frac{x^3}{3} + C$$

A partir da integral indefinida, podemos resolver a integral definida do exemplo, com extremo inferior x=7 e extremo superior x=5:

$$\int_7^5 x^2 dx = \left[\frac{x^3}{3}\right]_7^5 = \frac{(5)^3}{3} - \frac{(7)^3}{3} = \frac{125}{3} - \frac{343}{3} = -\frac{218}{3}$$

Alternativamente, poderíamos ter usado o resultado do exemplo anterior conforme mostrado a seguir.

$$\int_7^5 x^2 dx = -\int_5^7 x^2 dx = -\left(-\frac{218}{3}\right) = \frac{218}{3}$$

Exemplo 7.32. Calcule $\int_{1}^{5}\left(\dfrac{7}{x}-3\right)dx$.

Inicialmente, resolvemos a integral indefinida mostrada a seguir.

$$\int\left(\dfrac{7}{x}-3\right)dx = \int\dfrac{7}{x}dx + \int -3dx = 7\int\dfrac{1}{x}dx - 3\int dx = 7\ln|x| - 3x + C$$

A partir da integral indefinida, podemos resolver a integral definida do exemplo, com extremo inferior x=1 e extremo superior x=5:

$$\int_{1}^{5}\left(\dfrac{7}{x}-3\right)dx = \left[7\ln|x|-3x\right]_{1}^{5} = \left(7\ln|5|-3.5\right) - \left(7\ln|1|-3.1\right) = 7\ln 5 - 15 - 7.0 + 3$$

$$\int_{1}^{5}\left(\dfrac{7}{x}-3\right)dx = \left[7\ln|x|-3x\right]_{1}^{5} = 7\ln 5 - 12$$

Exemplo 7.33. Calcule $\int_{0}^{1}(2\sqrt{x}+5x)dx$

Inicialmente, resolvemos a integral indefinida mostrada a seguir.

$$\int(2\sqrt{x}+5x)dx = \int 2\sqrt{x}dx + \int 5xdx = 2\int x^{1/2}dx + 5\int xdx$$

$$\int(2\sqrt{x}+5x)dx = 2\dfrac{x^{1/2+1}}{1/2+1} + 5\dfrac{x^2}{2} + C = 2\dfrac{x^{3/2}}{3/2} + \dfrac{5}{2}x^2 + C = \dfrac{4}{3}x^{3/2} + \dfrac{5}{2}x^2 + C$$

A partir da integral indefinida, podemos resolver a integral definida do exemplo, com extremo inferior x=0 e extremo superior x=1:

$$\int_{0}^{1}(2\sqrt{x}+5x)dx = \left[\dfrac{4}{3}x^{3/2}+\dfrac{5}{2}x^2\right]_{0}^{1} = \left(\dfrac{4}{3}(1)^{3/2}+\dfrac{5}{2}(1)^2\right) - \left(\dfrac{4}{3}(0)^{3/2}+\dfrac{5}{2}(0)^2\right)$$

$$\int_{0}^{1}(2\sqrt{x}+5x)dx = \dfrac{4}{3}+\dfrac{5}{2} = \dfrac{8+15}{6} = \dfrac{23}{6}$$

Exemplo 7.34. Calcule $\int_{-\pi/2}^{\pi/2}\cos x\,dx$

Inicialmente, resolvemos a integral indefinida mostrada a seguir.

$$\int \cos x\, dx = sen\, x + C$$

Aplicamos os extremos indicados:

$$\int_{-\pi/2}^{\pi/2} \cos x\, dx = [sen\, x]_{-\pi/2}^{\pi/2} = sen\frac{\pi}{2} - sen\left(-\frac{\pi}{2}\right) = 1-(-1) = 2$$

Exemplo 7.35. Calcule $\int_{0}^{\pi}(8-\cos x)dx$.

Inicialmente, resolvemos a integral indefinida mostrada a seguir.

$$\int(8-\cos x)dx = \int 8dx - \int \cos x\, dx = 8\int dx - \int \cos x\, dx = 8x - sen\, x + C$$

Aplicamos os extremos indicados:

$$\int_{0}^{\pi}(8-\cos x)dx = [8x - sen\, x]_{0}^{\pi} = (8\pi - sen\,\pi) - (8.0 - sen\,0) = (8\pi - 0) - (0-0) = 8\pi$$

7.7. APLICAÇÕES DAS INTEGRAIS NO CÁLCULO DE ÁREAS

A integral definida da função $f(x)$ desde $x = a$ até $x = b$, representada por $\int_{a}^{b} f(x)dx$, sendo $f(x)$ contínua e positiva em $a \leq x \leq b$, é a área A da região limitada pelo gráfico de $f(x)$, pelo eixo Ox e pelas retas verticais $x = a$ e $x = b$, conforme mostrado na figura a seguir.

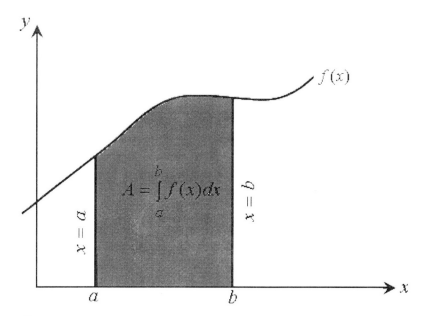

Figura 7.1. Área A da região limitada pelo gráfico de $f(x)$, pelo eixo Ox e pelas retas verticais $x = a$ e $x = b$.

Visto que não há sentido em termos "áreas negativas", se quisermos calcular a área A da região limitada pelo gráfico de $f(x)$, pelo eixo Ox e pelas retas verticais $x = a$ e $x = b$, sendo $f(x) < 0$ e contínua em $a \leq x \leq b$, fazemos: $A = -\int_{a}^{b} f(x)dx$.

Vamos ver os exemplos a seguir.

Exemplo 7.36. Calcule a área A da região limitada pelo gráfico da parábola $f(x) = x^2$, pelo eixo horizontal Ox e pelas retas verticais x=-1 e x=2.

Resolução.

Na figura a seguir, temos indicações, sem escala, do gráfico da parábola $f(x) = x^2$, das retas verticais x=-1 e x=2 e da área A que queremos calcular.

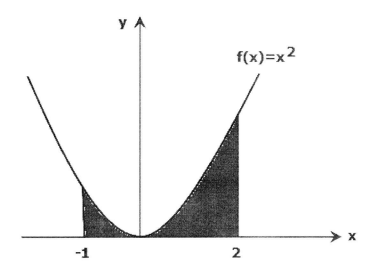

Figura 7.2. Gráfico de $f(x) = x^2$, retas verticais x=-1 e x=2 e área A que queremos calcular.

Como $f(x) = x^2$ tem imagens "positivas" no intervalo $-1 \leq x \leq 2$, a área A é:

$$A = \int_{-1}^{2} x^2 dx$$

Para fazermos $\int x^2 dx$, usamos a regra $\int x^n dx = \frac{x^{n+1}}{n+1} + C$ com $n = 2$:

$$\int x^2 dx = \frac{x^{2+1}}{2+1} + C = \frac{x^3}{3} + C = \frac{1}{3}x^3 + C$$

Assim, ficamos com:

$$A = \int_{-1}^{2} x^2 dx = \left[\frac{1}{3}x^3\right]_{-1}^{2} = \frac{1}{3}\left[x^3\right]_{-1}^{2} = \frac{1}{3}\left[(2)^3 - (-1)^3\right]$$

$$A = \frac{1}{3}[(8)-(-1)] = \frac{1}{3}[8+1] = \frac{9}{3}$$

$A = 3\, u.a.$

Destacamos que a indicação u.a. refere-se a "unidades de área", que pode ser m², cm² ou qualquer outra unidade de medida de área.

Exemplo 7.37. Calcule a área A da região limitada pelo gráfico de $f(x) = x^3$, pelo eixo horizontal Ox e pelas retas verticais x=-2 e x=3.

Resolução.

Na figura a seguir, temos indicações, sem escala, do gráfico de $f(x) = x^3$, das retas verticais x=-2 e x=3 e da área A que queremos calcular, dada pela soma de A₁ e A₂.

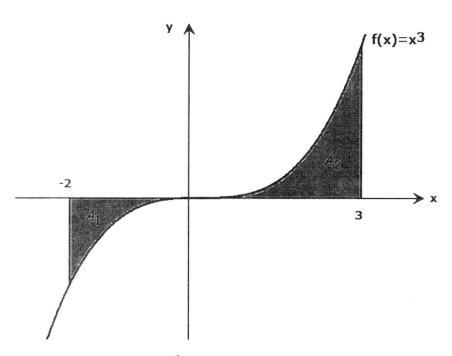

Figura 7.3. Gráfico de $f(x) = x^3$**, retas verticais x=-2 e x=3 e área** A **que queremos calcular, sendo** $A = A_1 + A_2$.

No intervalo $-2 \le x \le 0$, a função $f(x) = x^3$ tem imagens "negativas". No entanto, a área A₁ não pode ser negativa. Logo, fazemos o que segue.

$$A_1 = -\int_{-2}^{0} x^3 dx$$

Para resolvermos $\int x^3 dx$, usamos a regra $\int x^n dx = \dfrac{x^{n+1}}{n+1} + C$ com $n = 3$:

$$\int x^3 dx = \frac{x^{3+1}}{3+1} + C = \frac{x^4}{4} + C = \frac{1}{4}x^4 + C$$

Assim, ficamos com:

$$A_1 = -\int_{-2}^{0} x^3 dx = -\left[\frac{1}{4}x^4\right]_{-2}^{0} = -\frac{1}{4}\left[x^4\right]_{-2}^{0} = -\frac{1}{4}\left[(0)^4 - (-2)^4\right]$$

$$A_1 = -\frac{1}{4}\left[(0)-(16)\right] = -\frac{1}{4}\left[-16\right] = \frac{16}{4}$$

$$A_1 = 4\, u.a.$$

No intervalo $0 < x \leq 3$, a função $f(x) = x^3$ tem imagens "positivas". Logo, fazemos o que segue.

$$A_2 = \int_0^3 x^3 dx$$

Para resolvermos $\int x^3 dx$, usamos a regra $\int x^n dx = \frac{x^{n+1}}{n+1} + C$ com $n = 3$:

$$\int x^3 dx = \frac{x^{3+1}}{3+1} + C = \frac{x^4}{4} + C = \frac{1}{4}x^4 + C$$

Assim, ficamos com:

$$A_2 = \int_0^3 x^3 dx = \left[\frac{1}{4}x^4\right]_0^3 = \frac{1}{4}\left[x^4\right]_0^3 = \frac{1}{4}\left[(3)^4 - (0)^4\right]$$

$$A_2 = \frac{1}{4}\left[(81)-(0)\right] = \frac{1}{4}\left[(81)\right] = \frac{81}{4}$$

$$A_2 = 20,25\, u.a.$$

Para acharmos a área A, precisamos fazer a seguinte soma:

$$A = A_1 + A_2 = 4 + 20,25 = 24,25\, u.a.$$

Exemplo 7.38. Calcule a área A da região limitada pelos gráficos da parábola $f(x) = x^2$ e da função $g(x) = \sqrt{x}$.

Resolução.

Na figura a seguir, temos indicações, sem escala, dos gráficos da parábola $f(x) = x^2$ e da função $g(x) = \sqrt{x}$, dos pontos I_1 e I_2 de intersecção entre esses gráficos e da área A que queremos calcular.

174 • Cálculo bem explicado

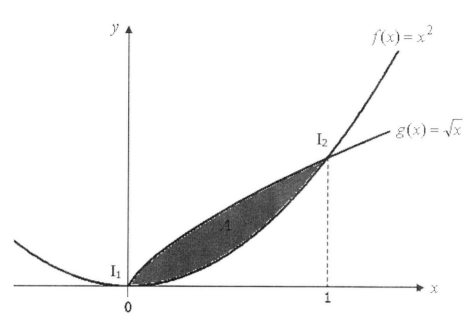

Figura 7.4. Gráficos de $f(x) = x^2$ e de $g(x) = \sqrt{x}$, pontos I₁ e I₂ de intersecção entre os gráficos e área A que queremos calcular.

Se igualarmos f(x) e g(x), poderemos calcular as coordenadas dos pontos I₁ e I₂ de intersecção entre os gráficos:

$f(x) = g(x)$

$x^2 = \sqrt{x}$

Os números que, elevados ao quadrado, são iguais às suas raízes quadradas são 0 e 1, pois $0^2 = \sqrt{0}$ e $1^2 = \sqrt{1}$. Assim, temos que I₁=(0,0) e I₂=(1,1).

A figura a seguir, feita sem escala, permite que visualizemos que a área A que queremos calcular é a diferença entre A_2 e A_1, ou seja, $A = A_2 - A_1$.

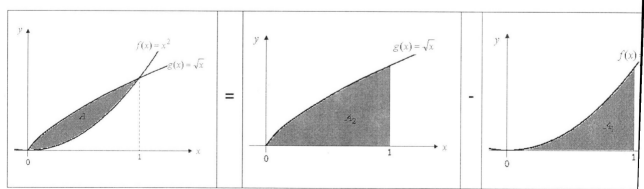

Figura 7.5. Visualização da área A, sendo $A = A_2 - A_1$.

No intervalo $0 < x < 1$, a função $f(x) = x^2$ tem imagens "positivas". Logo:

$$A_1 = \int_0^1 f(x)dx$$

No intervalo $0 < x < 1$, a função $g(x) = \sqrt{x}$ tem imagens "positivas". Logo:

$$A_2 = \int_0^1 g(x)dx$$

A área A que queremos calcular é a diferença entre A_2 e A_1:

$$A = A_2 - A_1$$

$$A = \int_0^1 g(x)dx - \int_0^1 f(x)dx$$

$$A = \int_0^1 (g(x) - f(x))dx$$

Veja que, no intervalo 0<x<1, para calcularmos a área solicitada no exemplo, resolvemos a integral da "função de imagem maior menos a função de imagem menor".

Vamos fazer $f(x) = x^2$ e $g(x) = \sqrt{x}$ em $A = \int_0^1 (g(x) - f(x))dx$:

$$A = \int_0^1 \left(\sqrt{x} - x^2\right)dx$$

A função $g(x) = \sqrt{x}$ pode ser escrita como $g(x) = x^{1/2}$:

$$A = \int_0^1 \left(x^{1/2} - x^2\right)dx$$

$$A = \int_0^1 \left(x^{1/2} - x^2\right)dx = \int_0^1 x^{1/2}dx - \int_0^1 x^2 dx$$

Para resolvermos $\int x^{1/2}dx$ e $\int x^2 dx$, usamos a regra $\int x^n dx = \dfrac{x^{n+1}}{n+1} + C$ com, respectivamente, $n = \dfrac{1}{2}$ e $n = 2$:

$$\int \left(x^{1/2} - x^2\right)dx = \int x^{1/2}dx - \int x^2 dx = \frac{x^{1/2+1}}{1/2+1} - \frac{x^{2+1}}{2+1} + C$$

$$\int \left(x^{1/2} - x^2\right)dx = \frac{x^{\frac{1+2}{2}}}{\frac{1+2}{2}} - \frac{x^3}{3} + C = \frac{x^{\frac{3}{2}}}{\frac{3}{2}} - \frac{x^3}{3} + C$$

$$\int \left(x^{1/2} - x^2\right)dx = \frac{2}{3}x^{3/2} - \frac{x^3}{3} + C$$

Assim, ficamos com:

$$A = \int_0^1 \left(x^{1/2} - x^2\right)dx = \left[\frac{2}{3}x^{3/2} - \frac{x^3}{3}\right]_0^1 = \left(\frac{2}{3}(1)^{3/2} - \frac{(1)^3}{3}\right) - \left(\frac{2}{3}(0)^{3/2} - \frac{(0)^3}{3}\right)$$

$$A = \int_0^1 \left(x^{1/2} - x^2\right)dx = \left(\frac{2}{3} - \frac{1}{3}\right) - (0)$$

$$A = \int_0^1 \left(x^{1/2} - x^2\right)dx = \frac{1}{3}\ u.a.$$

7.8. RESUMO

No capítulo 7, explanamos o conceito de integral por meio de um exemplo em que usamos o procedimento inverso ao da derivação.

Dissemos que a integral indefinida da função $f(x)$ é indicada por $\int f(x)dx = F(x) + C$. A função $F(x)$ é chamada de primitiva de $f(x)$.

Mostramos duas propriedades das integrais, nomeadas de P1 e P2 e reproduzidas a seguir, que são muito utilizadas para resolvermos integrais.

P1. $\int (f(x) \pm g(x))dx = \int f(x)dx \pm \int g(x)dx$.

Segundo a propriedade P1, a integral da soma (ou da subtração) de duas funções é igual à soma (ou à subtração) das integrais de cada uma das funções. Essa propriedade também é válida quando temos a soma (ou a subtração) de mais de duas funções.

P2. $\int k.f(x)dx = k.\int f(x)dx$, sendo k uma constante.

Segundo a propriedade P2, a integral de uma constante k multiplicada por uma função é igual à constante k multiplicada pela integral da função.

Vimos o método de integração por substituição, que se refere à mudança de variável na integral. Imagine que seja possível resolver a integral $\int f(u)du$ e suponha que u seja uma função de x, ou seja, u=u(x).

A derivada de u=u(x) em relação à variável x é:

$$\frac{du}{dx} = u'(x) \rightarrow du = u'(x)dx$$

Por substituição, temos de resolver integrais do tipo:

$$\int f(u(x))u'(x)dx = \int f(u)du$$

Vimos também o método da integração por partes, no qual desenvolvemos a integral de udv como a subtração entre o produto $u.v$ e a integral de vdu, conforme indicado a seguir.

$$\boxed{\int udv = u.v - \int vdu}$$

Veja que, se tivermos a função $u = u(x)$, podemos determinar $du = u'(x)dx$, pois $\frac{du}{dx} = u'(x)$ é a derivada de $u = u(x)$ em relação à variável. Além disso, queremos, a partir de dv, determinar $v = v(x)$, pois $v = \int dv$.

Podemos dizer que, na maioria das vezes, tal método é interessante para situações nas quais a integral de vdu é mais fácil do que a integral de udv. Isso poderá ser verificado nos exemplos a seguir.

Definimos a integral definida de uma função contínua $f(x)$ em um intervalo que contenha a e b, desde x=a até x=b, por:

$$\int_a^b f(x)dx = \int_{x=a}^{x=b} f(x)dx = F(x)\Big|_a^b = F(b) - F(a)$$

Na indicação, $F(x)$ é uma primitiva de $f(x)$, x=a é o extremo inferior da integral e x=b é o extremo superior da integral.

Além disso, temos que:

$$\int_a^b f(x)dx = -\int_b^a f(x)dx$$

Dissemos que a integral definida da função $f(x)$ desde $x = a$ até $x = b$, representada por $\int_a^b f(x)dx$, sendo $f(x)$ contínua e positiva em $a \leq x \leq b$, é a área A da região limitada pelo gráfico de $f(x)$, pelo eixo Ox e pelas retas verticais $x = a$ e $x = b$.

Fizemos vários exemplos de cálculos e de aplicações das integrais.

7.9. EXERCÍCIOS PROPOSTOS.

Exercício 7.1. Calcule $\int (3x^{-2} + 7x^5)dx$.

Exercício 7.2. Calcule $\int (313 + senx)dx$.

Exercício 7.3. Calcule $\int (12\cos\sec^2 x + 7\cos x)dx$.

Exercício 7.4. Calcule $\int \left(2e^x + \frac{13}{x} + 5x\right)dx$.

Exercício 7.5. Calcule $\int \left(21x - \frac{8}{x} + \sec^2 x\right)dx$.

Exercício 7.6. Calcule $\int \dfrac{1}{x^{20}} dx$.

Exercício 7.7. Calcule $\int \dfrac{16}{\sqrt{x}} dx$.

Exercício 7.8. Calcule $\int \sqrt[7]{x^5} dx$.

Exercício 7.9. Calcule $\int x^4 (x-5)^2 dx$.

Exercício 7.10. Calcule $\int (x+1)^3 dx$.

Exercício 7.11. Calcule $\int \dfrac{7x^2 + 2x^5}{x^3} dx$.

Exercício 7.12. Calcule $\int \dfrac{5}{x^3}(x+4)^2 dx$.

Exercício 7.13. Calcule $\int \left(\dfrac{13}{\sqrt[5]{x^3}} + \operatorname{sen} x \right) dx$.

Exercício 7.14. Calcule $\int \left(\cos x - \dfrac{(x-5)^2}{x} \right) dx$.

Exercício 7.15. Calcule $\int \left(\dfrac{7}{\sqrt{x}} - \cos x + e^x \right) dx$.

Exercício 7.16. Calcule $\int \dfrac{8x}{\sqrt{3x^2 + 5}} dx$.

Exercício 7.17. Calcule $\int (x^2 + 1)^{15} x\, dx$.

Exercício 7.18. Calcule $\int (3x^2 - 7,8)^6 x dx$.

Exercício 7.19. Calcule $\int \dfrac{7x}{\sqrt{4x^2+4}} dx$.

Exercício 7.20. Calcule $\int x \operatorname{sen} x^2 dx$.

Exercício 7.21. Calcule $\int x^3 e^{3x^4-1} dx$.

Exemplo 7.22. Calcule $\int e^{2-\cos x} \operatorname{sen} x dx$.

Exercício 7.23. Calcule $\int xe^{5x} dx$.

Exercício 7.24. Calcule $\int xe^{2x-1} dx$.

Exercício 7.25. Calcule $\int (x-2)e^{4x} dx$.

Exercício 7.26. Calcule $\int (5x-1)e^{x+3} dx$.

Exercício 7.27. Calcule $\int (x+8)\cos x dx$.

Exercício 7.28. Calcule $\int (7-4x)\cos 3x dx$.

Exercício 7.29. Calcule $\int \dfrac{\ln x}{5} dx$

Exercício 7.30. Calcule $\int (2x+1)\ln x dx$.

Exercício 7.31. Calcule $\int x^3 \ln x \, dx$.

Exemplo 7.32. Calcule $\int x^2 \operatorname{sen} x \, dx$.

Exercício 7.33. Calcule $\int_5^6 x^3 \, dx$.

Exercício 7.34. Calcule $\int_7^8 \frac{1}{x} \, dx$.

Exercício 7.35. Calcule $\int_1^5 \left(\frac{2}{x} - 3 \right) dx$.

Exercício 7.36. Calcule $\int_0^1 (3\sqrt{x} - x) \, dx$.

Exercício 7.37. Calcule $\int_0^\pi (5 + 3\operatorname{sen} x) \, dx$.

Exercício 7.38. Calcule $\int_{-1}^1 x^2 (5 + 4x)^2 \, dx$.

Exercício 7.39. Calcule $\int_{-1}^1 x^4 e^{x^5 - 2} \, dx$.

Exercício 7.40. Calcule a área da região limitada pelos gráficos de $f(x) = x$ e $g(x) = x^3$ e pela reta vertical $x = 1.5$.

7.10. RESPOSTAS DOS EXERCÍCIOS PROPOSTOS.

Exercício 7.1. $\int (3x^{-2} + 7x^5)dx = \dfrac{-3}{x} + \dfrac{7}{6}x^6 + C$

Exercício 7.2. $\int (313 + senx)dx = 313x - \cos x + C$

Exercício 7.3. $\int (12\cos\sec^2 x + 7\cos x)dx = -12\cot gx + 7senx + C$

Exercício 7.4. $\int \left(2e^x + \dfrac{13}{x} + 5x\right)dx = 2e^x + 13\ln|x| + \dfrac{5}{2}x^2 + C$

Exercício 7.5. $\int \left(21x - \dfrac{8}{x} + \sec^2 x\right)dx = \dfrac{21}{2}x^2 - 8\ln|x| + tgx + C$

Exercício 7.6. $\int \dfrac{1}{x^{20}}dx = \dfrac{-1}{19x^{19}} + C$

Exercício 7.7. $\int \dfrac{16}{\sqrt{x}}dx = 32\sqrt{x} + C$

Exercício 7.8. $\int \sqrt[7]{x^5}\,dx = \dfrac{7x^{12/7}}{12} + C$

Exercício 7.9. $\int x^4(x-5)^2 dx = 5x^5 - \dfrac{5x^6}{3} + \dfrac{x^7}{7} + C$

Exercício 7.10. $\int (x+1)^3 dx = \dfrac{1}{4}x^4 + x^3 + \dfrac{3}{2}x^2 + x + C$

Exercício 7.11. $\int \dfrac{7x^2 + 2x^5}{x^3}dx = 7\ln|x| + \dfrac{2}{3}x^3 + C$

Capítulo 7 – Integrais • 183

Exercício 7.12. $\int \dfrac{5}{x^3}(x+4)^2 dx = 5\left(\ln|x| - \dfrac{8}{x} - \dfrac{8}{x^2} \right) + C$

Exercício 7.13. $\int \left(\dfrac{13}{\sqrt[5]{x^3}} + senx \right) dx = \dfrac{65}{2} x^{2/5} - cosx + C$

Exercício 7.14. $\int \left(\cos x - \dfrac{(x-5)^2}{x} \right) dx = senx - \dfrac{x^2}{2} + 10x - 25\ln|x| + C$

Exercício 7.15. $\int \left(\dfrac{7}{\sqrt{x}} - \cos x + e^x \right) dx = 14\sqrt{x} - senx + e^x + C$

Exercício 7.16. $\int \dfrac{8x}{\sqrt{3x^2+5}} dx = \dfrac{8}{3}\sqrt{3x^2+5} + C$

Exercício 7.17. $\int (x^2+1)^{15} x\, dx = \dfrac{(x^2+1)^{16}}{32} + C$

Exercício 7.18. $\int (3x^2-7,8)^6 x\, dx = \dfrac{(3x^2+7,8)^7}{42} + C$

Exercício 7.19. $\int \dfrac{7x}{\sqrt{4x^2+4}} dx = \dfrac{7\sqrt{x^2+1}}{2} + C$

Exercício 7.20. $\int x\, senx^2\, dx = \dfrac{-1}{2}\cos x^2 + C$

Exercício 7.21. $\int x^3 e^{3x^4-1} dx = \dfrac{1}{12} e^{3x^4-1} + C$

Exemplo 7.22. $\int e^{2-\cos x} senx\, dx = e^{2-\cos x} + C$

Exercício 7.23. $\int xe^{5x}dx = \dfrac{1}{5}e^{5x}\left(x - \dfrac{1}{5}\right) + C$

Exercício 7.24. $\int xe^{2x-1}dx = \dfrac{1}{2}e^{2x-1}\left(x - \dfrac{1}{2}\right) + C$

Exercício 7.25. $\int (x-2)e^{4x}dx = \dfrac{1}{4}e^{4x}\left(x - \dfrac{9}{4}\right) + C$

Exercício 7.26. $\int (5x-1)e^{x+3}dx = e^{x+3}(5x-6) + C$

Exercício 7.27. $\int (x+8)\cos x\, dx = (x+8)\operatorname{sen} x + \cos x + C$

Exercício 7.28. $\int (7-4x)\cos 3x\, dx = \left(\dfrac{7-4x}{3}\right)\operatorname{sen} 3x - \dfrac{4}{9}\cos 3x + C$

Exercício 7.29. $\int \dfrac{\ln x}{5}dx = \dfrac{x}{5}(\ln x - 1) + C$

Exercício 7.30. $\int (2x+1)\ln x\, dx = (x^2 + x)\ln x - \dfrac{x^2}{2} - x + C$

Exercício 7.31. $\int x^3 \ln x\, dx = \dfrac{x^4}{4}\left(\ln x - \dfrac{1}{4}\right) + C$

Exercício 7.32. $\int x^2 \operatorname{sen} x\, dx = -x^2 \cos x + 2x\operatorname{sen} x + 2\cos x + C$

Exercício 7.33. $\int_{5}^{6} x^3 dx = \dfrac{671}{4}$

Exercício 7.34. $\int_{7}^{8} \dfrac{1}{x}dx = \ln 8 - \ln 7 = \ln \dfrac{8}{7}$

Exercício 7.35. $\int_{1}^{5}\left(\dfrac{2}{x}-3\right)dx = 2\ln 5 - 12$

Exercício 7.36. $\int_{0}^{1}(3\sqrt{x}-x)dx = \dfrac{3}{2}$

Exercício 7.37. $\int_{0}^{\pi}(5+3senx)dx = 5\pi + 6$

Exercício 7.38. $\int_{-1}^{1}x^2(5+4x)^2\,dx = \dfrac{346}{15}$

Exercício 7.39. $\int_{-1}^{1}x^4 e^{x^5-2}\,dx = \dfrac{1}{5}\left(\dfrac{1}{e}-\dfrac{1}{e^3}\right)$

Exemplo 7.40. Área igual a 0,890625.

Impressão e acabamento
Gráfica da Editora Ciência Moderna Ltda.
Tel: (21) 2201-6662